编委会

高等职业学校"十四五"规划酒店管理
与数字化运营专业新形态系列教材

总主编

周春林　南京旅游职业学院党委书记，教授

编委（排名不分先后）

臧其林　苏州旅游与财经高等职业技术学校党委书记、校长，教授
叶凌波　南京旅游职业学院校长
姜玉鹏　青岛酒店管理职业技术学院校长
李　丽　广东工程职业技术学院党委副书记、校长，教授
陈增红　山东旅游职业学院副校长，教授
符继红　云南旅游职业学院副校长，教授
屠瑞旭　南宁职业技术学院健康与旅游学院党委书记、院长，副教授
马　磊　河北旅游职业学院酒店管理学院院长，副教授
王培来　上海旅游高等专科学校酒店与烹饪学院院长，教授
王姣蓉　武汉商贸职业学院现代管理技术学院院长，教授
卢静怡　浙江旅游职业学院酒店管理学院院长，教授
刘翠萍　黑龙江旅游职业技术学院酒店管理学院院长，副教授
苏　炜　南京旅游职业学院酒店管理学院院长，副教授
唐凡茗　桂林旅游学院酒店管理学院院长，教授
石　强　深圳职业技术学院管理学院院长，教授
李　智　四川旅游学院希尔顿酒店管理学院副院长，教授
匡家庆　南京旅游职业学院酒店管理学院教授
伍剑琴　广东轻工职业技术学院酒店管理学院教授
刘晓杰　广州番禺职业技术学院旅游商务学院教授
张建庆　宁波城市职业技术学院旅游学院教授
黄　昕　广东海洋大学数字旅游研究中心副主任/问途信息技术有限公司创始人
汪京强　华侨大学旅游实验中心主任，博士，正高级实验师
王光健　青岛酒店管理职业技术学院酒店管理学院副院长，副教授
方　堃　南宁职业技术学院健康与旅游学院酒店管理与数字化运营专业带头人，副教授
邢宁宁　漳州职业技术学院酒店管理与数字化运营专业主任，专业带头人
曹小芹　南京旅游职业学院旅游外语学院旅游英语教研室主任，副教授
钟毓华　武汉职业技术学院旅游与航空服务学院副教授
郭红芳　湖南外贸职业学院旅游学院副教授
彭维捷　长沙商贸旅游职业技术学院湘旅学院副教授
邓逸伦　湖南师范大学旅游学院教师
沈蓓芬　宁波城市职业技术学院旅游学院教师
支海成　南京御冠酒店总经理，副教授
杨艳勇　北京贵都大酒店总经理
赵莉敏　北京和泰智研管理咨询有限公司总经理
刘懿纬　长沙菲尔德信息科技有限公司总经理

JIUSHUI ZHISHI YU TIAOJIU

湖北省技能大师王勇工作室

"十四五"职业教育国家规划教材

高等职业学校"十四五"规划酒店管理
与数字化运营专业新形态系列教材

总主编 ◎ 周春林

酒水知识与调酒

（第三版）

主　编　王　勇

副主编　蔡家齐　张小明　陈　蔚

编　者（排名不分先后）

项家梅　罗晓黎　陈春梅　王　芳

王炎超　洪　润　张　智　罗中昊

华中科技大学出版社
http://press.hust.edu.cn

中国·武汉

内 容 简 介

本书在第二版得到全国广大院校师生欢迎的基础上,吸收调酒行业发展的新知识、新技术、新工艺、新方法,在保留原教材主题内容与特色的前提下,不断进行补充、优化。

本书注重调酒技能训练、酒水知识学习和职业素养的养成,夯基础、立德行,采用项目任务引领教学,融合国际调酒师协会调酒师证书(IBA Bartending Certificate)认证内容,以调酒"小白"走进世界杯鸡尾酒锦标赛看调酒、基层酒吧员、酒吧服务员和调酒师的工作任务为载体,按照酒吧员工的成长过程,循序渐进地安排相应岗位的工作任务和活动。培养学生工作和解决服务问题的能力,教学以世界杯调酒锦标赛的高端示范为标杆,充分体现了岗课赛证、综合育人的教学思想。

主编王勇全程参与书中技能演示、图片拍摄和视频录制工作,并用图片、微课视频和表格的形式详细展示技术要领、调制标准和服务程序,充分体现教材的引领性、实用性、趣味性和可操作性。在做好教材建设的同时,还建有国际邮轮乘务管理专业国家级教学资源库子项目"调酒技能训练"和人社部部属技能大师在线培训平台"调酒师"工种课程的配套资源。

图书在版编目(CIP)数据

酒水知识与调酒/王勇主编.3 版.—武汉:华中科技大学出版社,2023.5 (2024.8 重印)
ISBN 978-7-5680-8993-7

Ⅰ.①酒… Ⅱ.①王… Ⅲ.①酒-基本知识-高等学校-教材 ②饮料-基本知识-高等学校-教材 ③酒-调制技术-高等学校-教材 Ⅳ.①TS262 ②TS972.19

中国国家版本馆 CIP 数据核字(2023)第 063588 号

酒水知识与调酒(第三版)
Jiushui Zhishi yu Tiaojiu(Di-san ban)

王　勇　主编

策划编辑:李　欢　李家乐
责任编辑:刘　烨
封面设计:原色设计
责任校对:张会军
责任监印:周治超
出版发行:华中科技大学出版社(中国·武汉)　　电话:(027)81321913
　　　　　武汉市东湖新技术开发区华工科技园　　邮编:430223
录　　排:华中科技大学惠友文印中心
印　　刷:武汉科源印刷设计有限公司
开　　本:787mm×1092mm　1/16
印　　张:17
字　　数:397 千字
版　　次:2024 年 8 月第 3 版第 3 次印刷
定　　价:66.80 元

总序
ZONGXU

　　2021年,习近平总书记对全国职业教育工作作出重要指示,强调要加快构建现代职业教育体系,培养更多高素质技术技能人才、能工巧匠、大国工匠。同年,教育部对职业教育专业目录进行全面修订,并启动《职业教育专业目录(2021年)》专业简介和专业教学标准的研制工作。

　　新版专业目录中,高职"酒店管理"专业更名为"酒店管理与数字化运营"专业,更名意味着重大转型。我们必须围绕"数字化运营"的新要求,贯彻党中央、国务院关于加强和改进新形势下大中小学教材建设的意见,落实教育部《职业院校教材管理办法》,联合校社、校企、校校多方力量,依据行业需求和科技发展趋势,根据专业简介和教学标准,梳理酒店管理与数字化运营专业课程,更新课程内容和学习任务,加快立体化、新形态教材开发,服务于数字化、技能型社会建设。

　　教材体现国家意志和社会主义核心价值观,是解决培养什么样的人、如何培养人以及为谁培养人这一根本问题的重要载体,是教学的基本依据,是培养高质量优秀人才的基本保证。伴随我国高等旅游职业教育的蓬勃发展,教材建设取得了明显成果,教材种类大幅增加,教材质量不断提高,对促进高等旅游职业教育发展起到了积极作用。在2021年首届全国教材建设奖评审中,有400种职业教育与继续教育类教材获奖。其中,旅游大类获一等奖优秀教材3种、获二等奖优秀教材11种,高职酒店类获奖教材有3种。当前,酒店职业教育教材同质化、散沙化和内容老化、低水平重复建设现象依然存在,难以适应现代技术、行业发展和教学改革的要求。

　　在信息化、数字化、智能化叠加的新时代,新形态高职酒店类教材的编写既是一项研究课题,也是一项迫切的现实任务。应根据酒店管理与数字化运营专业人才培养目标准确进行教材定位,按照应用导向、能力导向要求,优化设计教材内容结构,将工学结合、产教融合、科教融合和课程思政等理念融入教材,带入课堂。应面向多元化生源,研究酒店数字化运营的职业特点及人才培养的业务规格,突破传统教材框架,探索高职学生易于接受的学习模式和内容体系,编写体现新时代高职特色的专业教材。

　　我们清楚,行业中多数酒店数字化运营的应用范围仅限于前台和营销渠道,部分酒店应用了订单管理系统,但大量散落在各个部门的有关顾客和内部营运的信息数据没有得到有效分析,数字化应用呈现碎片化。高校中懂专业的数字化教师队伍和酒店里懂营运的高级技术人才是行业在数字化管理进程中的最大缺位,这种缺位是推动酒店职业教育数字化转型面临的最大困难，这方面人才的培养是我们努力的方向。

高职酒店管理与数字化运营专业教材的编写是一项系统工程，涉及"三教"改革的多个层面，需要多领域高水平协同研发。华中科技大学出版社与南京旅游职业学院、广州市问途信息技术有限公司合作，在全国范围内精心组织编审、编写团队，线下召开高等职业学校"十四五"规划酒店管理与数字化运营专业新形态系列教材编写研讨会，线上反复商讨每部教材的框架体例和项目内容，充分听取主编、参编老师和业界专家的意见，在此特向参与研讨、提供资料、推荐主编和承担编写任务的各位同仁表示衷心的感谢。

该系列教材力求体现现代酒店职业教育特点和"三教"改革的成果，突出酒店职业特色与数字化运营特点，遵循技术技能人才成长规律，坚持知识传授与技术技能培养并重，强化学生职业素养养成和专业技术积累，将专业精神、职业精神和工匠精神融入教材内容。

期待这套凝聚全国高职旅游院校多位优秀教师和行业精英智慧的教材，能够在培养我国酒店高素质、复合型技术技能人才方面发挥应有的作用，能够为高职酒店管理与数字化运营专业新形态系列教材协同建设和推广应用探出新路子。

全国旅游职业教育教学指导委员会副主任委员
南京旅游职业学院党委书记、教授　周春林
2022 年 3 月 28 日

前言
QIANYAN

《酒水知识与调酒(第三版)》,内容与时俱进,既是主编王勇 23 年国内外调酒师工作经验的总结与精髓的提炼,同时也是他两次代表中国参加世界杯调酒锦标赛,吸收国际调酒经验形成的中国经验成果。本书具有以下特色:

1.“岗课赛证”融通

以酒吧员、酒吧服务员和调酒师工作岗位职业能力为主线,开发基于工作过程的项目化课程。课程内容与“世界杯鸡尾酒锦标赛传统调酒标准”“世界技能大赛餐厅服务赛项鸡尾酒调制与服务标准”和“全国职业院校技能大赛酒水服务赛项标准”对接,与调酒师职业资格证书、国际调酒师协会调酒证书(IBA,Bartending Certificate)认证内容,以及课程目标、内容、资源、考核深度融合。

2.校行企三元开发

本书由武汉软件工程职业学院、武汉职业技术学院、三峡旅游职业技术学院、湖北科技职业学院、武汉调酒师协会、武汉荷田大酒店和武汉市第一商业学校共同编写,内容对接国际调酒主流生产技术,并注重吸收酒店和调酒行业发展的新知识、新技术、新工艺、新方法。

3.思政文化教育融合

酒水的故事和文化贯穿教学始终,与调酒训练有机融合;在任务实施中将以“服务意识、标准意识、质量意识、文化意识、创新意识”为内容的调酒工匠精神贯穿始终。

4.以工作任务引领教学

全书采用项目化方式,以吧员、酒吧服务员和调酒师工作任务为载体,由任务入手引入相关酒水知识,通过实训引出相关标准、流程与技巧,体现“做中学、学中做”的教学思想。

本书由王勇老师统稿,具体编写分工如下:项目一由武汉职业技术学院蔡家齐、长江职业学院罗晓黎、武汉调酒师协会洪润、武汉软件工程职业学院罗中昊编写,项目二由武汉软件工程职业学院王勇、三峡旅游职业技术学院张小明、武汉荷田大酒店项家梅、武汉城市职业学院张智编写,项目三由武汉软件工程职业学院王勇、湖北科技职业学院陈蔚、武汉荷田大酒店项家梅、武汉交通职业学院陈春梅编写,项目四由武汉软件工程职业学院王勇、武汉荷田大酒店项家梅、武汉市旅游学校王芳、武汉调酒师协会洪润编写,附录部分由武汉软件工程职业学院王勇、武汉市第一商业学校王炎超编写。

本书编写过程中，参考了国内外的相关著作，并得到了国际调酒师协会中国会员国 Mr. Frank Lee 会长、中国酒类流通协会刘员常务副会长、武汉荷田大酒店项家梅总经理、武汉轻工大学程丛喜教授，以及武汉调酒师协会、"舌尖上的鸡尾酒"等众多专家、单位和新媒体平台的支持与帮助，在此表示衷心感谢。

　　由于笔者水平有限，行业发展速度和知识更新较快，本书在体系、观点及论述过程中难免存在不足，欢迎同仁及广大读者批评指正。

编　者

2023 年 4 月

目录
MULU

二维码资源目录

探索发现——走进世界杯
鸡尾酒锦标赛看调酒

项目概述

　　本项目从走进世界杯鸡尾酒锦标赛入手,首先让读者对鸡尾酒和调酒有一个初步认知;然后通过模拟演练世界杯鸡尾酒锦标赛参赛作品的创意说明比赛,了解调酒师的职业素养,最后对调酒师的职业道德进行详细介绍。

项目目标

知识目标
1. 能解释鸡尾酒、调酒和调酒师的概念。
2. 能说出鸡尾酒类型、调酒流派和特点。
3. 能讲解国际调酒师协会、鸡尾酒、调酒的起源与发展。
4. 能描述世界杯鸡尾酒锦标赛赛项、组别和奖项。

能力目标
1. 能够根据对鸡尾酒和调酒的认知,为全国调酒师介绍世界杯鸡尾酒锦标赛。
2. 能够根据调酒师的职业素养要求和世界杯鸡尾酒锦标赛的标准,高分完成获奖鸡尾酒——致敬阿玛雷娜女士(To Lady Amarena)的创意说明。

素质目标
1. 激发学生调酒的兴趣和热情。
2. 培养学生规范操作的标准意识。
3. 树立以提升中国调酒师职业形象地位、迈入国际舞台为己任的理想和信念。

微课视频
▼

67 届
世界杯鸡
尾酒锦标
赛宣传片

任务一　鸡尾酒和调酒认知
Know About Cocktails And Bartending

 任务导入

　　国际调酒师协会（International Bartenders Association，IBA）是国际公认的唯一的全球性调酒师国际组织，1951 年成立于英国，距今已有 70 多年的历史。协会实行会员国制，目前有正式会员国 66 个。中国通过中国酒类流通协会调酒师专业委员会 ABC（Association Bartenders of China）（中国大陆唯一代表）于 2006 年 6 月 1 日正式加入了 IBA，每年 IBA 会员国举办的世界杯鸡尾酒锦标赛（World Cocktail Championship，WCC），被公认为是全球最具专业性、权威性，以及影响力最大的调酒师职业大赛。本书主编王勇老师是一名调酒师，曾两次代表中国参加世界杯鸡尾酒锦标赛，获得全球最佳调酒技术大奖（IBA Prestige Award）和铜牌（Brozen Medal）。

 知识学习

一、鸡尾酒

　　鸡尾酒（Cocktail）是一种混合饮品（见图 1-1），它由两种或两种以上的酒或果汁、汽水等混合而成，具有一定的营养价值和艺术价值。

图 1-1　鸡尾酒

（一）鸡尾酒的起源与发展

世界上第一次有关鸡尾酒的文字记载出现于 1806 年 5 月 13 日美国的 *The Balance and the Columbian Repository* 上，这份报纸介绍，鸡尾酒是一种由几种烈酒混合成，并加入糖、水和苦啤酒的提神饮料。1862 年，杰里·托马斯（见图 1-2）撰写了第一本专业的、面向调酒师的鸡尾酒书籍 *Bar-Tender's Guide*。这本书使鸡尾酒逐渐成为人们喜爱的饮品，人们经常在用餐时和闲暇时饮用。同时，鸡尾酒进入了酒吧，杰里·托马斯使鸡尾酒成为当时最流行的酒吧饮料。

图 1-2　杰里·托马斯（Jerry Thomas）

19 世纪末 20 世纪初，鸡尾酒在美国盛行。一方面，美国大规模生产、销售果汁，鸡尾酒有了品质均衡、货源充足的辅助保障；另一方面，1920 年至 1933 年美国禁酒令颁布，美国大量的调酒师失业，这迫使他们流向了法国、英国等欧洲发达国家，鸡尾酒很快在欧洲地区盛行。

第二次世界大战期间，鸡尾酒在欧美的军人中和青年男女中十分流行。伴随着美国人的流动，鸡尾酒也迅速走向世界。

（二）鸡尾酒的常见类型

世界杯鸡尾酒锦标赛传统调酒 Classic Mixing 赛项分别设置餐前鸡尾酒 Before Dinner Cocktail、起泡鸡尾酒 Sparkling Cocktail、长饮鸡尾酒 Long Drink、创意鸡尾酒 Bartenders Chioce、餐后鸡尾酒 After Dinner Cocktail 五个组别。

1. 餐前鸡尾酒

餐前鸡尾酒又称开胃鸡尾酒，主要在餐前饮用，是一种能刺激食欲的饮料。这类鸡尾酒含糖较少，口味或酸或苦或干烈。著名的餐前鸡尾酒有马天尼（Martini）、曼哈顿（Manhattan）等。

2. 起泡鸡尾酒

起泡酒鸡尾酒是一种用起泡酒调制的饮料。国际调酒师协会（IBA）规定：添加到起泡鸡尾酒中的酒精不得超过 40 毫升，起泡酒不少于 70 毫升。著名的起泡鸡尾酒有法国 75（French 75）、香槟鸡尾酒（Champagne Cocktail）等。

微课视频
▼

曼哈顿

3. 长饮鸡尾酒

长饮鸡尾酒是用烈酒、果汁、汽水混合调制后装在一个大容量的玻璃杯中的鸡尾酒，这类鸡尾酒可能是清爽的、甜的、酸的，也可能是具有热带风味的。长饮鸡尾酒可放置较长时间而不变质，故称"长饮"。著名的长饮鸡尾酒有螺丝刀(Screw Driver)、特基拉日出(Tequila Sunrise)和新加坡司令(Singapore Sling)等。

4. 创意鸡尾酒

创意鸡尾酒是调酒师运用丰富的专业知识、熟练的调酒技法，遵循调制的标准，按照客户需求设计制作的一种混合饮料。国际调酒师协会(IBA)规定：创意鸡尾酒配料中酒精含量不得超过10%，创意鸡尾酒配方中的自制成分必须详细说明，创意鸡尾酒配方中不得使用超过30毫升的自制成分。著名的创意鸡尾酒有致敬阿玛雷娜女士(To Lady Amarena)（见图1-3）、你今晚看起来棒极了(You Look Wonderful Tonight)（见图1-4）、中国白酒鸡尾酒忆苦思甜(Remember)。

图1-3　致敬阿玛雷娜女士

图1-4　你今晚看起来棒极了

5. 餐后鸡尾酒

餐后鸡尾酒被认为是甜点鸡尾酒或是消化鸡尾酒，是一种饭后服用的饮料，用来帮助消化或者作为补充甜点。这类鸡尾酒口味较甜，配方中使用较多的利口酒。著名的餐后鸡尾酒有B&B、史丁格(Stinger)、亚历山大(Brandy Alexander)等。

二、调酒

调酒是人类社会文明发展的产物，是人类社会发展过程中创造出来的以酒文化为基础的一种混合酒品的艺术形式。调酒是一项融合了专业性、技术性、表演性，并且综合了多种技能的职业，它要求理论与实际操作相结合。

（一）调酒的起源

在有文字记载的资料中，对于调酒的起源并没有明确的描述。调酒的起源可能与酿酒中的勾兑工艺有一定的关系。在酿酒过程中，酿酒原料质量不稳定，气候、温度、工艺等生产条件不同，酿酒师技术水平存在差异，这些都会使所酿酒品的质感有所不同。酿酒师为了使所酿造酒品的口味一致，颜色、香味、浓度都符合标准，会在酿酒的最后阶段采用将不同层次的酒液加以混合勾兑的方式调和酒品,由此调酒的概念就慢慢形成了,混合勾兑演变成现在的调酒,勾兑师演变成现在的调酒师。

(二) 调酒流派

世界杯鸡尾酒锦标赛设置传统调酒(Classic Mixing)和花式调酒(Flairtending)两个赛项。

1. 传统调酒(Classic Mixing)

传统调酒,又称英式调酒(见图1-5),起源于英国。传统调酒强调过程规范、操作熟练、姿态从容和优雅,通过传瓶、示瓶、开瓶、量酒和调制等进行展示,在古典音乐的背景下,每一个动作一丝不苟,每一个环节精准到位。

2. 花式调酒(Flairtending)

花式调酒,又称美式调酒(见图1-6),起源于美国。花式调酒的过程强调有动作花样、技术难度、较少的失误,以及音乐与动作的熟练配合,翻瓶、横向、纵向旋转酒瓶,抛掷酒瓶,滚瓶等动作,让人炫目,搭配有节奏的音乐,带来强烈的视觉冲击。

图 1-5　英式调酒　　　　　　　　　　图 1-6　美式调酒

英式调酒和美式调酒虽然展示方式不同,但两种调酒流派都十分注重鸡尾酒的外观和风味。

任务准备

以小组为单位,每组 3—4 人,复习鸡尾酒和调酒的相关知识,在国际调酒师协会官方网站(www.iba-world.com)查询资料制作解说 PPT,每组推选一名代表,以中国选手"我"的身份向全国调酒师介绍世界杯鸡尾酒锦标赛。

任务实施

一、PPT 制作

查阅资料,结合鸡尾酒和调酒的相关知识,以小组为单位,制作 PPT。

二、仪容仪表检查

酒吧人员每日上岗前必须对自己的仪容仪表进行检查，要做到整洁、干净，并且要有明朗的笑容。

三、热情开场

尊敬的各位同仁，大家好！我是中国调酒师选手代表××，今天我为大家介绍的是世界杯鸡尾酒锦标赛。

四、介绍讲解

根据世界杯鸡尾酒锦标赛相关内容介绍鸡尾酒和调酒。

五、礼貌结束

成功为大家介绍世界杯鸡尾酒锦标赛之后，真诚激励全国调酒师以提升中国调酒师职业形象、迈入国际调酒舞台为己任，努力学习。

任务评价主要从学生的 PPT 制作、仪容仪表、介绍讲解、语言能力、学习态度和综合印象六个方面进行，详细内容如表 1-1 所示。

表 1-1 "向全国调酒师介绍世界杯鸡尾酒锦标赛"工作任务评价表

任务	M 测量 J 评判	标准名称或描述	权重	评分示例	组号____	组号____
PPT 制作	J	PPT 制作缺乏思路，有的内容缺失	20	12		
		PPT 制作完整，内容不够丰富		16		
		PPT 制作精美，内容翔实，图文兼备		20		
仪容 仪表	M	制服干净整洁、熨烫挺括、合身，符合行业标准	2	Y/N		
	M	鞋子干净且符合行业标准	2	Y/N		
	M	男士修面，胡须修理整齐；女士淡妆，身体部位没有可见标记	2	Y/N		
	M	发型符合职业要求	2	Y/N		
	M	不佩戴过于醒目的饰物	1	Y/N		
	M	指甲干净整洁，不涂有色指甲油	1	Y/N		

续表

任务	M 测量 J 评判	标准名称或描述	权重	评分示例	组号 ___	组号 ___
介绍讲解	M	热情开场	5	Y/N		
	M	礼貌结束	5	Y/N		
	J	有的内容重复,汇报人词不达意	20	12		
		汇报人能顺利讲完 PPT		16		
		汇报人精神面貌好,思路清晰有条理		20		
语言能力	J	没有或较少使用英文	20	5		
		全程大部分使用英文,但不流利		10		
		全程使用英文,较为流利,但专业术语欠缺		15		
		全程使用英文,整体流利,使用专业术语		20		
学习态度	J	学习态度有待加强,被动学习,延时完成学习任务	15	5		
		学习态度较好,按时完成学习任务		10		
		学习态度认真,学习方法多样,积极主动		15		
综合印象	J	在所有任务中状态一般,当发现任务具有挑战性时表现为不良状态	5	1		
		在执行所有任务时保持良好的状态,看起来很专业,但稍显不足		3		
		在执行任务中,始终保持良好的状态,整体表现非常专业		5		

选手用时:

裁判签字:　　　　　　　　　　　　　　　　　　　　年　　　月　　　日

任务
拓展

全球最佳调酒技术大奖 IBA Prestige Award

全球最佳调酒技术大奖颁发给世界杯鸡尾酒锦标赛技术得分最高的参赛者。如果出现平局,用鸡尾酒和整体印象分数决定获胜者,国际调酒师协会(IBA)授予其奖杯和荣誉称号。

随堂测试
▼

鸡尾酒
和调酒
的认知

Note

微课视频
▼

中国选手
王勇 67 届
世界杯
鸡尾酒锦
标赛全球
总决赛

任务二　学习调酒师的职业素养
Learn Bartenders Professionalism

 任务导入

　　调酒师是在酒吧或餐厅专门从事配制酒水、销售酒水，并让客人领略酒的文化和风情的人员，英语称为 Bartender。调酒师是一个要掌握多种技能的职业，温文尔雅的仪容仪表、娴熟的调酒技法、开朗的性格、热情的待客之道、专业的酒水知识、丰富的服务经验，这些都是调酒师必须具备的较高的职业素养。

 知识学习

一、调酒师的基本职业素养要求

调酒师的基本职业素养要求包括仪容仪表要求、礼貌礼节要求和语言能力要求。

（一）仪容仪表要求

调酒师整洁、卫生的仪容仪表不仅体现了酒吧的形象，也能烘托出服务的氛围，使客人心情舒畅。调酒师的仪容仪表展示详见图 1-7 和仪容仪表要求见表 1-2 所示。

图 1-7　调酒师的仪容仪表展示

 Note

表 1-2 调酒师的仪容仪表要求

项目	概　　述
仪容仪表	（1）身体：工服裸露处无文身。 （2）头发：头发梳理整齐。男性头发前不遮眉，后不过领，不留鬓角；女性如留长发，可用黑色或咖啡色的发饰把头发扎好。 （3）面部：男性不留胡须；女性要化淡妆，涂接接近唇色的口红。 （4）服装：工作服要求干净、无破损、无异味、熨烫挺适。 （5）鞋袜：穿着擦亮的黑皮鞋和深色袜子（女调酒师可穿肉色袜子），袜子要干净、无皱、无破损。 （6）手指甲：手指甲应勤修剪，不留超过 1 毫米的长指甲，不涂有色的指甲油。 （7）首饰及工牌：不佩戴任何首饰，工牌佩戴于工服左胸处，摆正不歪斜。 （8）个人卫生：勤洗澡，身上无异味，可适当喷清淡型的香水

（二）礼貌礼节要求

调酒师的礼貌礼节要求详见表 1-3 所示。

表 1-3 调酒师的礼貌礼节要求

项目	概　　述
迎客	（1）客人进门时要笑脸相迎，并致以亲切的问候。 （2）要引领客人到满意的座位上
点单	（1）要恭敬地双手向客人递上整洁的酒单，耐心地等待客人回应，听清并完整地记下客人提出的各项具体要求，必要时向客人复述一遍，以免出现差错。 （2）留意客人的细致要求，如"不要兑水""多加一些冰块"等。 （3）当客人对选择什么饮品拿不定主意时，可热情、礼貌地推荐
调制	（1）在客人面前调制饮品时要举止雅观、态度认真，所用器皿要洁净。 （2）调制饮品时，不能背对客人，需转身拿取背后的酒瓶时，只可侧身，不得转体
服务中	（1）针对背向坐的客人，上酒服务时要先招呼一声，以免饮品被碰到而打翻。 （2）若客人需用整瓶酒，斟酒前应向客人展示酒瓶上的标签，经核实认可后，当面打开瓶塞，请客人放心饮用。 （3）为团体客人服务时，一般斟酒的次序为先宾后主、先女后男、先老后少。 （4）在服务过程中，如需与客人交谈，要注意适当、适量，不能喧宾夺主，也不能胡乱议论，当客人说话时要耐心倾听，不与客人争辩，也不要不懂装懂，更不能影响本职工作，忽视其他客人
结账	（1）客人示意结账时，要用账单夹递上账单，请客人查核款项有无出入。 （2）在收找现金时，应尽量保证有除醉酒客人以外的其他人在场，以避免发生纠纷或误会。 （3）要照顾到客人的自尊心，不要大声报账，只可小声清晰地"唱收"。 （4）客人无意离去时，切不可催促客人提前结账付款
送客	客人离去时，要热情地送别，表示欢迎再次光临

（三）语言能力要求

调酒师的语言能力要求详见表 1-4 所示。

表 1-4　调酒师的语言能力要求

项目	概　　述
礼貌服务用语	调酒师在服务时要有"五声"：客人到来时，要有问候声；遇到客人时，要有招呼声；得到帮助时，要有致谢声；麻烦客人时，要有致歉声；客人离店时，要有道别声
英语基础口语	（1）酒吧的酒品中会有洋酒，调酒师必须能够看懂酒标，选酒时才不会出差错。 （2）调酒师经常会遇到客人爆满的情况，如果对英文酒标不熟悉，将会影响服务效率。 （3）酒吧的客人中会有外宾，掌握英语基础口语是服务的需要

二、调酒师的专业素养要求

调酒师的专业素养（见图 1-8）包括调酒师的服务意识、专业知识和专业技能三个方面，具体如表 1-5 所示。

图 1-8　调酒师专业技能

表 1-5　调酒师的专业素养

类别	项　目	概　　述
服务意识	角色意识	（1）调酒师承担使客人在物质和精神上得到满足的服务角色。 （2）调酒师一定要以客人的感受、情绪、需求为出发点，向客人提供服务和酒品
	宾客意识	（1）调酒师必须意识到客人对于酒吧的重要性，有了客人，酒吧才会有稳定的收益，调酒师也才会有稳定的工作和经济收入。 （2）增强调酒师的宾客意识，就必须增强调酒师的荣誉感和责任心
	服务意识	（1）调酒师必须认识到服务的重要性，从而增强自身的服务意识。 （2）服务意识应体现在：在服务过程中，及时周到地帮助客人解决遇到的问题；发生意外情况时，从专业角度按规范化的服务程序予以解决；遇到特殊情况，提供专业服务、超常服务，以帮助客人

续表

类别	项　目	概　述
专业知识	酒水知识	熟记各种酒的产地、特点、制作工艺、名品及饮用方法；能鉴别酒的品质和年份等
	鸡尾酒知识	熟记鸡尾酒的概念、类型、酒谱、相关故事、调制过程和服务程序
	原料储藏	了解各种原料的特性，以及酒吧原料的领用、保管、使用、储藏知识
	酒吧设备	熟记酒吧设备的中英文名称，掌握设备的使用要求、操作规范和保养方法
专业知识	调酒用具	熟记调酒用具的中英文名称，掌握调酒用具的使用方法和保管知识
	酒吧杯具	掌握酒吧杯具的种类、形状、特点、使用要求及保管知识
	营养卫生	了解营养结构，懂得酒水和食物的搭配原理以及饮品操作的卫生要求
	酒单知识	掌握酒单的结构，所用酒水的品类以及酒单上酒水的调制方法和服务标准
	酒谱知识	熟记酒谱上每种原料的用量标准、配制方法、用杯及调配过程
	成本核算	掌握酒水的定价原则和定价方法
	习俗知识	掌握主要客源国的饮食习俗、宗教信仰等
	英语知识	熟记酒吧饮品的英文名称，能用英文清楚地介绍其特性，清楚地讲解它的故事，并且在服务过程中使用专业术语
	安全知识	掌握安全操作规程，熟悉灭火器的使用要领及范围，掌握安全自救的方法
专业技能	设备、用具的操作技能	正确地使用设备和用具，掌握操作程序，不仅可以延长设备、用具的使用寿命，也能提高服务效率
	酒具清洗	掌握酒具清洗、消毒等的方法
	装饰物的制作	认识酒吧常用的装饰物原料、制作酒吧的基础装饰物和冰类装饰物
	调酒技能	掌握基本的调酒技巧，能熟练调制经典鸡尾酒
	花式动作	掌握花式基本动作技法
	沟通技巧	提高自己的口头和书面表达能力，与客人沟通、交谈流畅，提供个性服务
	计算能力	有较强的经营意识和数字处理能力，尤其表现在对价格、成本毛利和盈亏的分析计算方面，反应要快
	解决问题	面对酒吧中的紧急突发事件及客人的投诉从容不迫，有一定处理问题的能力

任务准备

　　以小组为单位，3人为一组，观看中国选手王勇第67届世界杯鸡尾酒锦标赛全球总决赛视频，采用主持人、参赛选手、评委角色扮演的方式，分工协作，营造比赛情境，根据调酒师的职业素养要求，以中国选手"王勇"的身份完成创意说明比赛。

任务实施

一、熟记创意说明

67届世界杯鸡尾酒锦标赛获奖鸡尾酒——致敬阿玛雷娜女士（To Lady Amarena）创意说明如下：

（一）英文表述

This year I am very fortunate to be able to use our sponsor Fabrri's Amarena syrup for the event, I know Mr. Nicola Fabbri respects his grandmother, Lady Amarena, so this time my work is named and I pay tribute to Mrs. Amarena.

My working method is Finlandia Vodka 60mL represents a strong family, Amarena Syrup 35mL symbolizes the elegance of noble lady, Passion fruit juice 35mL yellow and seeds symbolize family prosperity, 20mL lemon juice represents a happy ingredient in life, I use it to express my respect for Lady Amarena.

（二）中文表述

今年我的作品中有机会用到法布芮传奇产品阿玛雷娜樱桃糖浆，为了向这个百年品牌致敬，此次我的作品命名为 To Lady Amarena。

我的作品配方是芬兰伏特加60毫升，代表强大有力的家族；阿玛雷娜樱桃糖浆35毫升，象征高雅传统的贵妇；百香果汁35毫升，黄色和种子象征着家族的繁盛；柠檬汁代表生活的酸甜，20毫升；我以此作品表达对法布芮创始人 Lady Amarena 的敬意。

二、仪容仪表检查

调酒师每日上岗前必须对自己的仪容仪表进行检查，要做到整洁、干净，要有明朗的笑容。

三、自我介绍

（一）英文表述

Hello, everyone!

I am Wang Yong from Wuhan, China, and represent the ABC China Association in international activities. I am very happy to have the opportunity to showcase my work and learn about the advantages of other countries and players through the IBA Palace.

（二）中文翻译

大家好，我是来自中国武汉的王勇，非常荣幸能代表中国调酒师来参加国际盛会。

我很高兴有此机会来到国际调酒师的殿堂展示我的作品并学习其他国家及选手的特长。

四、创意解说

根据创意进行解说。

五、模拟评分

评委按照任务和标准评分。

任务评价主要从学生的仪容仪表、礼貌礼节、语言能力、服务意识、学习态度和综合印象几个方面进行,详见表 1-6 所示。

表 1-6 "以中国选手'王勇'的身份完成创意说明比赛"任务评价表

任务	M 测量 J 评判	标准名称或描述	权重	评分 示例	组号 ____	组号 ____
仪容 仪表	M	制服干净整洁、熨烫挺括、合身,符合行业标准	3	Y/N		
	M	鞋子干净且符合行业标准	3	Y/N		
	M	男士修面,胡须修理整齐;女士淡妆,身体部位没有可见标记	3	Y/N		
	M	发型符合职业要求	3	Y/N		
	M	不佩戴过于醒目的饰物	2	Y/N		
	M	指甲干净整洁,不涂有色指甲油	2	Y/N		
礼貌 礼节	M	开场有问候声	4	Y/N		
	M	结束有致谢声	4	Y/N		
	M	得到协助时有致谢声	4	Y/N		
语言 能力	J	全程使用中文,没有或较少使用英文	18	4.5		
		全程大部分使用英文,但不流利		9		
		全程使用英文,较为流利,但专业术语欠缺		13.5		
		全程使用英文,整体流利,使用专业术语		18		
服务 意识	J	对比赛任务不自信,缺乏技巧展示,无法完成创意说明	18	4.5		
		对比赛任务有一定了解,展示技巧一般,能基本完成创意说明		9		
		对比赛任务充满自信,对比赛规则了解得较为详细,创意说明表现较好		13.5		

续表

任务	M 测量 J 评判	标准名称或描述	权重	评分 示例	组号 ——	组号 ——
服务 意识	J	对比赛任务充满自信，专业知识丰富，创意说明完美	18	18		
		在创意说明过程中没有互动，没有服务意识		4.5		
		在说明过程中有一些互动，对鸡尾酒有介绍，有一定的服务意识		9		
		在说明过程中有良好的互动，对鸡尾酒的原料和创意有基本的介绍，在比赛过程中有服务意识		13.5		
		与观众和评委有极好的互动，对鸡尾酒原料有清晰的介绍，能清楚地讲解鸡尾酒创意，展示了高水准的服务意识		18		
学习 态度	J	学习态度有待加强，被动学习，延时完成学习任务	12	4		
		学习态度较好，按时完成学习任务		8		
		学习态度认真，方法恰当，积极主动		12		
综合 印象	J	执行所有任务时状态一般，当发现任务具有挑战性时，表现为不良状态	6	2		
		执行所有任务时保持良好的状态，看起来很专业，但稍显不足		4		
		执行所有任务时，始终保持出色的状态，整体表现非常专业		6		

选手用时：

裁判签字：　　　　　　　　　　　　　　　　　　　　　　　　　　年　　月　　日

任务
拓展

调酒师的职业道德要求

调酒师不仅要有高超的专业技术，更要有良好的职业道德。提高调酒师的道德素养至关重要。调酒师的职业道德要求详见表 1-7 所示。

表 1-7　调酒师的职业道德要求

项　　目	概　　述
爱岗敬业	热爱调酒工作，遵守酒吧规章制度和劳动纪律，遵守员工守则，维护酒吧的形象和声誉，做到不说有损酒吧利益的话，不做有损酒吧利益的事情

Note

续表

项　目	概　述
热情友好 宾客至上	树立"宾客至上"的调酒服务意识,做到主动、热情、耐心、周到,使客人在酒吧有宾至如归的感觉
安全卫生 出品优良	(1) 安全卫生是调酒服务的基本要求,调酒师必须本着对客人高度负责的态度,认真做好安全防范工作,杜绝酒水食品卫生隐患,保证客人的人身安全。 (2) 良好的酒水品质是调酒师为客人提供优质服务的前提和基础,也是调酒师职业道德的基本要求
培智精技 学而不厌	努力提高调酒服务技巧和技术水平,把所学到的酒水知识和调酒技能,运用于自己的工作实践中,不断提高酒水服务质量
遵纪守法 廉洁奉公	遵纪守法,不弄虚作假,是调酒工作能够正常进行的基本保证,调酒时要严格按照标准酒谱执行操作,不能随意变动标准,不能以次充好,从而变相损害客人的利益,要做到质价统一
平等待客 一视同仁	调酒师必须对客人以礼相待,绝不能因为社会地位的高低和经济收入的差异而使客人受到不平等的接待,要坚决抵制"以貌取人,看客下菜"的思想

随堂测试
▼

学习调酒师职业素养

项目二
初来乍到——做一名基层酒吧员

 项目概述

　　本项目从学会使用基础调酒工具、训练基本调酒技巧入手,首先让读者对主编工作的五星级酒店基层酒吧员所需掌握知识和技能有一个初步了解,然后通过学习制作鲜榨果汁的两种常用方法、清洗和擦拭酒吧常用载杯、制作酒吧装饰物,让读者掌握基层酒吧员的工作流程和服务规范,最后对酒吧中碳酸饮料和矿泉水服务进行详细介绍。

 项目目标

知识目标

1. 能通用中英文识别调酒工具、载杯、常用的装饰物原料、碳酸饮料、果蔬汁饮料、矿泉水。

2. 能说出调酒的各种计量单位、秀兰·邓波儿酒谱、基础调酒工具的使用方法、基本调酒和服务技巧的训练方法。

3. 能讲解清洗和擦拭载杯、制作酒吧装饰物、制作鲜榨果汁的方法和要领,以及秀兰·邓波儿的调制过程与服务程序和矿泉水的服务程序。

能力目标

能够按照五星级酒店酒吧的标准,正确、规范地使用调酒用具和服务工具,正确计量和使用基本的调酒技巧,制作合适的装饰物为客人进行碳酸饮料、果蔬汁饮料、矿泉水调制与服务。

素质目标

1. 培养学生规范操作的标准意识和酒文化意识。

2. 树立热情友好、宾客至上的服务理念。

3. 注意安全卫生、出品优良,树立高度责任心。

4. 培养培智精技、精益求精的工匠精神。

5. 具备爱岗敬业、诚实守信、遵纪守法、廉洁奉公的职业道德。

任务一　学会使用基础调酒工具
Using Basic Bar Tools

 任务导入

2000 年大学毕业以后，一个偶然的机会，看到一位调酒师在广东中山国际酒店大堂吧调酒，深深被调酒师那潇洒、神奇的手法所吸引，怀着强烈的好奇心，闲暇之余，我自荐给调酒师当助手，成为一名基层酒吧员，没想到逐渐爱上了这一行。

 知识学习

一、调酒工具识别

在基本调酒技巧训练以前，先向大家介绍在酒吧里会频繁用到的调酒工具及其使用方法。

（一）英式摇酒壶 Cobbler Shaker

英式摇酒壶又称三件式雪克壶，不锈钢制品，主要由壶身、过滤网、壶盖三部分组成（见图 2-1）。酒吧常用的英式摇酒壶有 250 毫升、350 毫升、550 毫升、750 毫升四种规格。

（二）量酒器 Jigger

量酒器又称为盎司器，如图 2-2 所示，它是一种计量酒水容器的金属杯，通常有大、中、小三种型号，且每一种量酒器两端容量都不同。大号量酒器为 30—60 毫升，中号量酒器为 30—45 毫升，小号量酒器为 15—30 毫升。

（三）吧匙 Bar Spoon

吧匙是一种不锈钢制品（见图 2-3），一边是匙，另一边是三尖装饰叉，中间部位呈螺旋状，有大、中、小三种型号，它通常用于制作彩虹鸡尾酒和用搅拌法调制的鸡尾酒，同时，它也可在取放装饰物时使用。

（四）波士顿摇酒壶 Boston Shaker

波士顿摇酒壶，也称为美式调酒壶或花式调酒壶（见图 2-4），它主要由两部分组成：

金属壶身和上盖，金属壶身也叫厅、Tin 或大 Tin，上盖也称小 Tin。波士顿摇酒壶常在花式调酒中使用。

图 2-1　英式摇酒壶　　图 2-2　量酒器　　　　　图 2-3　吧匙　　　图 2-4　波士顿摇酒壶

（五）霍桑过滤器 Hawthorne Strainer

霍桑过滤器呈扁平状，上面均匀排列着滤水孔，边缘围有弹簧（见图 2-5）。用波士顿摇酒壶调制鸡尾酒时，如果需要将调酒杯中调制好的鸡尾酒倒入载杯中，调酒杯内的冰块往往会随酒液一起滑落入杯，过滤器就是防止冰块滑落的专用器皿，一般由不锈钢制成。

（六）搅拌杯 Mixing Glass

搅拌杯又称调酒杯，一般由玻璃或水晶制成，如图 2-6 所示。在搅拌杯中加入冰块时，用吧匙搅拌可使酒体混合、降温、稀释。波士顿搅拌杯也可以替代波士顿摇酒壶的上盖部分（见图 2-7）。搅拌杯经常用来调制 Dry Martini（干马天尼）或 Manhattan（曼哈顿）一类鸡尾酒。

图 2-5　霍桑过滤器　　　　图 2-6　搅拌杯　　图 2-7　波士顿搅拌杯

（七）水果刀 Paring Knife

调酒中所用的水果刀主要用来切装饰配料，所以一般推荐长度为 4 英寸左右的直刃水果刀，如图 2-8 所示。这个长度的刀刃既可以切较小的青柠，也可以处理较大的橙子。

（八）碾压棒 Muddler

碾压棒主要用来捣碎水果，还可以用来调配鸡尾酒。碾压棒的材质有木质、不锈钢质地和塑料质地三种，不锈钢碾压棒如图 2-9 所示。使用碾压棒时的力度取决于碾碎的原料：通常细腻的草本植物如薄荷，轻轻挤压即可；如果是新鲜生姜或水果，用的力度就要大些。

图 2-8　水果刀

图 2-9　碾压棒

（九）网式过滤器 Fine Mesh Strainer

网式过滤器（见图 2-10）通常可以和霍桑过滤器一起使用，做 Double-Straining 或 Fine-Straining 的技巧，用于阻止一些更细小的杂质进入载杯中，如图 2-11 所示。

图 2-10　网式过滤器

图 2-11　过滤与再度过滤

（十）香料磨粉器 Spice Grater

香料磨粉器（见图 2-12）在调制鸡尾酒时，主要用于一些香料（如肉桂、豆蔻等）的磨粉，这些粉末最后会洒在鸡尾酒表面。

（十一）鸡尾酒沾边盒 Glass Rimmer

鸡尾酒沾边盒一般由优质食品级塑料精制而成，四层构造，具备多种功能，如托盘层、带海绵的果汁层、盐层、糖层，以满足专业酒吧调酒需求（见图 2-13）。鸡尾酒沾边盒主要用于鸡尾酒装饰。

（十二）酒嘴 Pourer

酒嘴（见图 2-14）是专门为花式调酒而设计的，它一般安装在酒瓶口上，用来控制倒出的酒量，从而使表演更加顺畅、连贯。酒嘴有不锈钢和塑料两种，使用时将出酒口向外插入瓶口即可。

图 2-12　香料磨粉器　　　图 2-13　鸡尾酒沾边盒　　　图 2-14　酒嘴

（十三）压柠器 Lime Squeezer

压柠器是调酒中为鸡尾酒榨取水果汁、蔬菜汁的工具，如图 2-15 所示。它主要用于新鲜的橙子、柠檬和青柠檬榨汁，使用方法详见任务 3 中用压柠器制作新鲜柠檬汁。

（十四）冰铲 Ice Scoop

冰铲是用来从制冰机、冰槽或冰桶中舀出冰块的调酒工具，如图 2-16 所示。酒吧常用的冰铲的规格有 12 盎司、24 盎司和 1 升三种。

（十五）练习瓶 Flair Bottle

练习瓶是调酒师练习花式调酒动作和在酒吧进行花式表演时用到的工具，如图 2-17 所示。练习瓶的使用方法详见附录花式调酒 Flairtending。

图 2-15　压柠器　　　图 2-16　冰铲　　　图 2-17　练习瓶

以小组为单位，每组 3—4 人，准备调酒工具，如表 2-1 所示，以酒吧员"我"的身份进行调酒工具的使用训练。

表 2-1 基础调酒工具训练清单

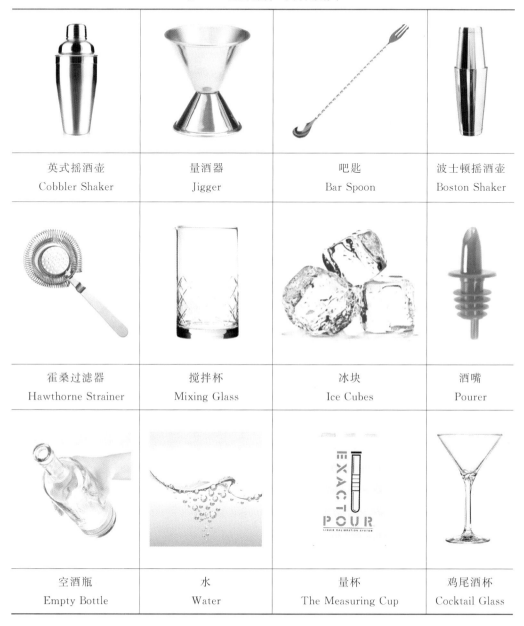

英式摇酒壶 Cobbler Shaker	量酒器 Jigger	吧匙 Bar Spoon	波士顿摇酒壶 Boston Shaker
霍桑过滤器 Hawthorne Strainer	搅拌杯 Mixing Glass	冰块 Ice Cubes	酒嘴 Pourer
空酒瓶 Empty Bottle	水 Water	量杯 The Measuring Cup	鸡尾酒杯 Cocktail Glass

任务
实施

一、摇酒壶的使用方法

摇酒壶的使用方法如表 2-2 所示。

表 2-2 摇酒壶的使用方法

项　　目	操 作 说 明	图　　示
右手握壶	右手大拇指按住顶盖，用中指和无名指夹住摇酒壶，食指按住壶身	
左手握壶	左手中指和无名指同时按住壶底，食指和小指夹住壶身，大拇指按住滤冰器	
双手握壶	右手大拇指按住顶盖，用中指和无名指夹住摇酒壶，食指按住壶身；左手中指和无名指同时按住壶底，食指和小指夹住壶身，大拇指按住滤冰器	
一段摇法	手握摇酒壶向侧前方推出，再回到原位，如此重复摇动 15 次左右	
二段摇法	手握摇酒壶，向斜上方推出→收回原位→向斜下方推出→收至原位，如此重复，次数和一段摇法相同，大约 15 次	

二、量酒器的使用方法

量酒器的使用方法详见表 2-3 所示。

微课视频
▼

量酒器的
使用技巧

表 2-3　量酒器的使用方法

项　　目	操 作 说 明	图　　示
量酒	左手食指和中指夹住量酒器上下漏斗的衔接处,大拇指按住下漏斗固定量酒器	
握瓶	右手大拇指和其余四指分开,环握酒瓶颈部,酒标正对客人	
示酒	右手大拇指和其余四指分开环握酒瓶颈部,酒标正对客人,左手扶住酒瓶底端,酒瓶与水平面呈 75°	
开瓶	左手大拇指和食指夹住瓶盖,右手大拇指和其余四指分开环握酒瓶颈部,酒标正对客人,左手由内向外拧瓶盖	
倒酒	左手夹住量酒器,右手大拇指和四指分开环握酒瓶颈部,酒瓶颈部放于量酒器正上方 2—3 厘米处,瓶口正对量酒器的中心位置,酒标正对客人,右手缓缓将酒瓶抬起,使酒液流入量酒器	

续表

项 目	操 作 说 明	图 示
倒酒	将摇酒壶平放于调酒台上，量酒器和调酒壶的距离需保持在 3 厘米左右，反手将量酒器中的酒液倒入调酒壶中，用手腕力量左右旋转量酒器半圈，平放于调酒台上	
回位	左手拿起瓶盖，盖于瓶口由外向内旋转，并将酒瓶放回原处	

三、吧匙的使用方法

吧匙的使用方法详如表 2-4 所示。

表 2-4　吧匙的使用方法

项 目	操 作 说 明	图 示
搅拌	用右手的中指和无名指夹住吧匙中部螺旋状的位置	
	用左手握杯底，将吧匙放入搅拌杯内底部，要贴住搅拌杯的杯壁	

续表

项　目	操 作 说 明	图　示
搅拌	用中指轻轻地扶住吧匙向内按,用无名指向外推,缓缓沿顺时针方向搅动冰块,如果动作不熟练,开始时不要搅拌得太快	
	反复不断练习,直至冰块能连续自主转动20秒左右,起到稀释和冷却的作用就可以了。搅拌结束后,将吧匙的勺子背面朝上,慢慢从杯中取出	

四、霍桑过滤器的使用方法

霍桑过滤器的使用方法详见表 2-5 所示

表 2-5　霍桑过滤器的使用方法

项　目	操 作 说 明	图　示
固定	左手大拇指和四指分开握住调酒杯上部,右手将霍桑过滤器的凹槽卡在调酒杯的杯口边缘	
换手	用右手的食指压住过滤器,大拇指和其余三指紧紧握住调酒杯杯身换手,调酒杯的注流口向左,过滤器的柄朝相反方向	

续表

项　目	操作说明	图　示
滤酒	左手按住鸡尾酒杯的底部，将酒液滤入杯中	

五、酒嘴的使用方法

酒嘴的使用方法详见表 2-6 所示。

表 2-6　酒嘴使用方法

项　目	操作说明	图　示
安装	酒瓶装满水，酒标正对着客人，酒嘴插入瓶口，大口向左，与身体平行	
手法	（1）酒标正对着客人，右手大拇指和其他四指分开环握酒瓶颈部。 （2）左手大拇指和四指分开环握 Tin 的颈部，Tin 口向上，垂直于水平面。 （3）身体呈自然舒展状态	
倒酒	（1）右手将酒瓶颈部置于 Tin 口上方，酒标正对客人，酒嘴正对 Tin 口的中心。 （2）右手缓缓将酒瓶竖起，使酒液从酒嘴流出。 （3）双手迅速配合上下移动酒瓶和 Tin，使酒瓶置于 13 点的位置，移动的过程要尽力保持酒液始终流入 Tin 口的中心位置。 （4）右手用手腕力迅速将酒瓶放下使酒嘴向上，酒液不再流出，双手配合，上下移动 Tin 和酒瓶	

续表

项　目	操　作　说　明	图　示
准确度	（1）当酒液从酒嘴流出1秒后，右手用手腕力迅速将酒瓶放下使酒嘴向上，此时即为0.25盎司。将Tin中酒液倒入量杯中进行检测。 （2）以倒4秒1盎司（约30毫升）为例，倒出的酒液经过测量，刚好为30毫升，说明精准度很高；大于30毫升，说明我们数秒过慢；少于30毫升，说明数秒过快。反复练习，直至倒出的酒液接近30毫升方为及格。 （3）其他准确度练习依此类推，2秒、3秒、4秒、5秒、6秒、7秒、8秒的时间倒出的酒液量应该分别为0.5盎司、0.75盎司、1盎司、1.25盎司、1.5盎司、1.75盎司、2盎司	

任务评价主要从学生的仪容仪表、摇酒壶的使用方法、量酒器的使用方法、吧匙的使用方法、霍桑过滤器的使用方法、酒嘴的使用方法，以及学习态度几个方面进行，详细内容如表2-7所示。

表2-7　"以酒吧员'我'的身份进行调酒工具使用训练"工作任务评价表

任务	M测量 J评判	标准名称或描述	权重	评分示例	组号____	组号____
仪容仪表	M	制服干净整洁、熨烫挺括、合身，符合行业标准	2	Y/N		
	M	鞋子干净且符合行业标准	2	Y/N		
	M	男士修面，胡须修理整齐；女士淡妆，身体部位没有可见标记	2	Y/N		
	M	发型符合职业要求	2	Y/N		
	M	不佩戴过于醒目的饰物	1	Y/N		
	M	指甲干净整洁，不涂有色指甲油	1	Y/N		
摇酒壶的使用方法	M	严格按照操作说明使用摇酒壶	3	Y/N		
	M	操作程序正确	3	Y/N		
	M	操作过程中注意卫生	3	Y/N		
	M	操作姿态优美	3	Y/N		
	M	动作连贯、无停顿	3	Y/N		

续表

任务	M 测量 J 评判	标准名称或描述	权重	评分 示例	组号 ——	组号 ——
量酒器的使用方法	M	严格按照操作说明使用量酒器	3	Y/N		
	M	操作程序正确	3	Y/N		
	M	操作过程中注意卫生	3	Y/N		
	M	操作姿态优美，操作过程中没有滴酒	3	Y/N		
	M	动作连贯、无停顿	3	Y/N		
吧匙的使用方法	M	严格按照操作说明使用吧匙	3	Y/N		
	M	操作程序正确	3	Y/N		
	M	操作过程中注意卫生	3	Y/N		
	M	操作姿态优美	3	Y/N		
	M	动作连贯性好，无停顿	3	Y/N		
霍桑过滤器的使用方法	M	严格按照操作说明使用霍桑过滤器	3	Y/N		
	M	操作程序正确	3	Y/N		
	M	操作过程中注意卫生	3	Y/N		
	M	操作姿态优美，滤酒均匀，无滴酒	3	Y/N		
	M	动作连贯性好，无停顿	3	Y/N		
酒嘴的使用方法	M	严格按照操作说明使用酒嘴	2	Y/N		
	M	操作过程中注意卫生	2	Y/N		
	M	操作姿态优美，倒酒无滴酒	3	Y/N		
	M	倒酒精准，0.25 盎司、0.5 盎司、0.75 盎司、1 盎司 每项 2 分	8	2 4 6 8		
学习态度	J	学习态度有待调整，被动学习，延时完成学习任务	15	5		
		学习态度较好，按时完成学习任务		10		
		学习态度认真，学习方法多样，积极主动		15		

选手用时：

裁判签字：　　　　　　　　　　　　　　　　　　　　　　年　　月　　日

任务拓展

波士顿摇酒壶的使用方法

波士顿摇酒壶的使用方法详见表 2-8 所示。

表 2-8　波士顿摇酒壶的使用方法

项　目	操　作　说　明	图　示
倒酒	将大 Tin 平放于右手手背上,左手拿酒瓶倒酒入大 Tin 中	
组合	在大 Tin 中加满冰块,平放于吧台上,左手大拇指和四指分开握住大 Tin 的上部,右手大拇指和四指分开握住小 Tin 的底部,反扣入大 Tin 中,右手握拳轻敲小 Tin 底部,锁住大 Tin 和小 Tin	
摇和	左手大拇指和四指分开握住大 Tin 的底部,右手大拇指和四指分开握住小 Tin 的底部,用手腕力和手臂力向侧前方推出,推出后使手臂夹角呈 120°左右,再收回至原位,如此重复摇动 15 次左右	
滤酒	分开大 Tin 和小 Tin,右手大拇指和四指分开握住大 Tin 的中部,左手大拇指和四指分开拿住小 Tin 的上部,将小 Tin 套入大 Tin 中,大 Tin 和小 Tin 微微向上倾斜,滤酒入杯	

微课视频
▼

清凉一夏
花式调制

随堂测试
▼

学会使用
基础调酒
工具

任务二　基本调酒技巧训练
Practicing Basic Bar Technique

 任务导入

　　基本调酒技巧都是一些入门引导,在保证酒品的质量和客人安全的前提下,每位调酒师只有勤学苦练才能获得高超的调酒技术,并树立独特的个人风格。

 知识学习

一、注入法 Build

　　注入法是直接在载杯中进行鸡尾酒制作(见图2-18)。先把酒及配料按照顺序倒入加满冰块的载杯中,最后用吧匙搅拌一下。注入法适合制作比较简单、不需摇动或长时间搅拌的鸡尾酒。

图 2-18　注入法

　　注入法的操作要领如下:

　　(1) 使用注入法的鸡尾酒的原料通常比较容易混合,不需要以比较大的力量去调匀的酒品皆可使用注入法进行调配。如自由古巴(Cuba Libre)、特基拉日出(Tequila Sunrise)、渐入佳境(Screwdriver)等。

（2）使用的用具：吧匙和量酒器。

（3）注入法一般不搅拌或只轻微搅拌，如需搅拌，用吧匙搅拌 2—4 次就足够了。

（4）原料中如果有碳酸饮料，搅拌次数不宜超过 2 次，以避免气泡消失太快，影响酒品的口感及新鲜度。

二、摇和滤冰法 Shake & Strain

摇和滤冰法是将材料和冰块放入摇酒壶中，通过手腕和手臂配合，摇动使原料混合均匀，再滤酒入杯的调制方法，如图 2-19 所示。

图 2-19　摇和滤冰法

三、漂浮法 Floating

漂浮法是利用原料糖分比重不同的原理调制鸡尾酒的方法（见图 2-20），风靡世界的彩虹酒（Pousse-Café）、B-52 轰炸机就是漂浮法调制鸡尾酒的典型代表。

图 2-20　漂浮法

微课视频

摇和滤冰法

微课视频

漂浮法

漂浮法的操作要领如下：

（1）调制时，将吧匙背靠酒杯内壁，用量酒器慢慢将原料按糖分比重依次加入杯中，从而达到分层的效果，糖分比重最大的在底层。

（2）调制时，应注意掌握好"三度"，即力度、速度和角度，以免造成酒液分层不明显或酒液部分混合的现象。

四、搅和滤冰法 Stir & Strain

搅和滤冰法是把酒水与冰块按配方标准放入调酒杯中，以吧匙迅速搅拌均匀后，用滤冰器过滤冰块，将酒液斟入载杯中的调酒方法（见图 2-21）。搅和滤冰法比较适合在搅拌容易混合的原料时使用。

图 2-21　搅和滤冰法

五、搅拌法 Blend

搅拌法是用电动搅拌机进行搅拌的调酒方式，它是近年国内颇为流行的调酒方式，尤其是当需要调配出具有异国风味或热带风味的冰沙鸡尾酒时（见图 2-22），如椰林飘香（Pina Colada）、霜冻玛格丽特（Frozen Margarita）、霜冻得其利（Frozen Daiquiri）等。

搅拌法的操作要领如下：

（1）搅拌法是将材料放入电动搅拌机的搅拌杯中，然后根据需要的稠度，控制好搅拌时间，加冰搅拌均匀后倒入鸡尾酒杯中。

（2）调制的鸡尾酒质地过于浓稠时，可加入果汁和酒水进行搅拌，如鸡尾酒质地较稀，则需要减少果汁等的用量。

微课视频
▼

搅和滤冰法

微课视频
▼

搅拌法

六、捣和法 Muddle

捣和法是使用碾压棒将柠檬、香料等食材捣碎或挤压，使其汁液流出，从而提升酒品口感的鸡尾酒调制方法（见图 2-23），柠檬糖马天尼（Lemon Dron Martini）和经典莫吉托（Classic Mojito）就是捣和法制作的鸡尾酒的代表。

捣和法的操作要领如下：

（1）将杯子握住，掌中的碾压棒垂直向下挤压。

（2）如配方中需要新鲜薄荷叶，则不可过度捣碎薄荷叶，这样会破坏鸡尾酒的口感，喝起来有一点点苦味。

（3）根据鸡尾酒的调制要求，捣和后需要通过摇和法或调和法使原料充分混合，否则鸡尾酒喝起来会没有复合感。

图 2-22　搅拌法

图 2-23　捣和法

七、绕和法 Spindle Mix

绕和法是一种使用电动奶昔机混合鸡尾酒的调制方法（见图 2-24）。绕和法常用来调制配方中含有甜酸汁、多种酒水或果汁的鸡尾酒，相对于传统的手工摇和法，绕和法不仅能加快出品的速度，而且能使酒水充分融合，为酒品带来柔和的口感和丰富的泡沫。

图 2-24　绕和法

微课视频
▼

捣和法

微课视频
▼

绕和法

以小组为单位，每组 3—4 人，准备调酒用具和原材料，如表 2-9 所示，以酒吧员"我"的身份进行基本调酒技巧训练。

表 2-9　基本调酒技巧训练所需原材料和用具清单

柯林杯 Collins Glass	空酒瓶 Empty Bottle	水 Water	量酒器 Jigger
吧匙 Bar Spoon	果汁壶 Juice Decanter	冰桶 Ice Bucket	冰铲 Ice Scoop
英式摇酒壶 Cobbler Shaker	鸡尾酒杯 Cocktail Glass	冰块 Ice Cubes	冰夹 Ice Tong

续表

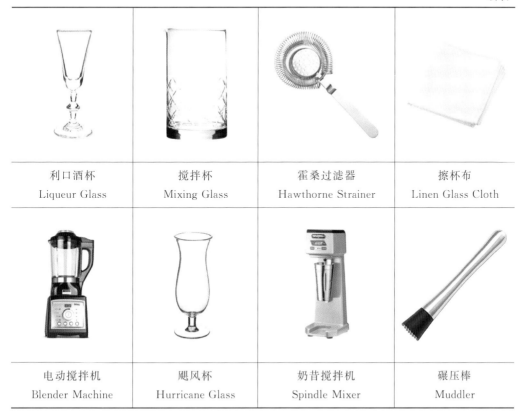

利口酒杯 Liqueur Glass	搅拌杯 Mixing Glass	霍桑过滤器 Hawthorne Strainer	擦杯布 Linen Glass Cloth
电动搅拌机 Blender Machine	飓风杯 Hurricane Glass	奶昔搅拌机 Spindle Mixer	碾压棒 Muddler

任务
实施

一、注入法实训

注入法实训步骤,如图 2-25 所示。

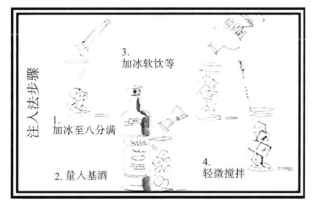

图 2-25 注入法实训步骤

二、摇和滤冰法实训

摇和滤冰法实训步骤，如图 2-26 所示。

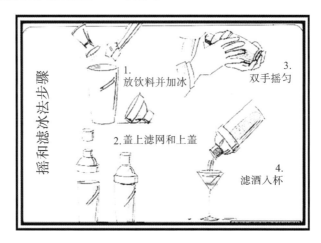

图 2-26　摇和滤冰法实训步骤

三、漂浮法实训

漂浮法实训步骤，如表 2-10 所示。

表 2-10　漂浮法实训步骤

步骤	实训项目	实训要领	图　　示
第一步	准备	量酒器(Jigger)、吧匙(Bar Spoon)、利口酒杯(Liqueur Glass)	
第二步	控制酒速	右手大拇指和其余四指捏住量酒器，手臂缓缓向上抬起，让酒液均匀流入或滴入利口酒杯中	
第三步	工具清洗	右手大拇指和四指环握量酒器大头端，左手大拇指、食指和中指捏住吧匙的中部，将量酒器和吧匙放入清洗桶中，右手顺时针转动量酒器，左手逆时针转动吧匙进行清洗	

续表

步骤	实训项目	实训要领	图　　示
第四步	缓缓倒入	左手大拇指、食指和中指捏住吧匙的中部，将吧匙贴紧杯壁，右手大拇指和其余四指分开，捏住量酒器，手臂缓缓向上抬起，让酒液沿着吧匙慢慢均匀流入或滴入利口酒杯中	
第五步	擦拭吧匙	右手握住量酒器，左手大拇指、食指和中指捏住吧匙的中部，将吧匙正放于擦杯布的一角，右手用大拇指和食指掀起擦杯布角擦拭吧匙	
第六步	擦拭量酒器	右手大拇指和其余四指捏住量酒器，左手掀起擦杯布一角并用大拇指将擦杯布塞进量酒器中，右手大拇指和食指旋转量酒器擦拭	

四、搅和滤冰法实训

搅和滤冰法实训步骤，如表 2-11 所示。

表 2-11　搅和滤冰法实训步骤

步骤	实训项目	实训要领	图　　示
第一步	准备	日式搅拌杯（Japanese Mixing Glass）、吧匙（Bar Spoon）、朱利滤冰器（Julep Strainer）或霍桑过滤器（Hawthorne Strainer）、古典杯（Old Fashioned Glass）	

续表

步骤	实训项目	实训要领	图　示
第二步	加冰块	在搅拌杯中放入大量冰块	
第三步	搅拌	（1）用右手的中指和无名指夹住调酒吧匙中部螺旋处； （2）用左手握杯底，把吧匙放入搅拌杯的底部，要贴住搅拌杯的杯壁； （3）用中指轻轻地扶住吧匙向内按，用无名指向外推，缓缓沿顺时针方向搅动冰块，如果这个动作不熟练，开始时不要搅动得太快； （4）反复不断练习，直至冰块能主动连续转动20秒左右； （5）搅拌结束后，将吧匙的勺子背面朝上，缓缓从杯中取出	
第四步	滤酒	将滤冰器放在调酒杯杯口，迅速将调好的酒液滤出	

五、搅拌法实训

搅拌法实训步骤，如图2-27所示。

六、捣和法实训

捣和法实训步骤，如图2-28所示。

七、绕和法实训

绕和法实训步骤，详见图2-29所示。

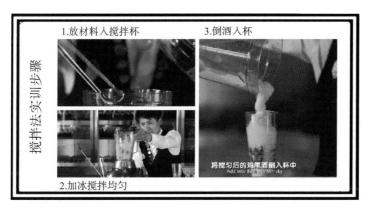

图 2-27 搅拌法实训步骤

图 2-28 捣和法实训步骤

图 2-29 绕和法实训步骤

任务评价

任务评价主要从学生的仪容仪表、注入法操作、摇和滤冰法操作、漂浮法操作、搅和滤冰法操作、搅拌法操作、捣和法操作、绕和法操作，以及学习态度和综合印象几个方面进行，详细内容如表 2-12 所示。

表 2-12 "基本调酒技巧训练"工作任务评价表

任务	M 测量 J 评判	标准名称或描述	权重	评分 示例	组号 ____	组号 ____
仪容 仪表	M	制服干净整洁、熨烫挺括、合身，符合行业标准	2	Y/N		
	M	鞋子干净且符合行业标准	2	Y/N		
	M	男士修面，胡须修理整齐；女士淡妆，身体部位没有可见标记	2	Y/N		
	M	发型符合职业要求	2	Y/N		
	M	不佩戴过于醒目的饰物	1	Y/N		
	M	指甲干净整洁，不涂有色指甲油	1	Y/N		
注入 法 操作	M	严格按照实训要领操作，操作程序正确	2	Y/N		
	M	所有必需的设备、用具和材料领取正确、可用	2	Y/N		
	M	操作过程中注意卫生	2	Y/N		
	M	操作姿态优美	2	Y/N		
	M	动作连贯性好，无停顿	2	Y/N		
摇和 滤冰 法 操作	M	严格按照实训要领操作，操作程序正确	2	Y/N		
	M	所有必需的设备、用具和材料领取正确、可用	2	Y/N		
	M	操作过程中注意卫生	2	Y/N		
	M	操作姿态优美	2	Y/N		
	M	动作连贯性好，无停顿	2	Y/N		
漂浮 法 操作	M	严格按照实训要领操作，操作程序正确	2	Y/N		
	M	所有必需的设备、用具和材料领取正确、可用	2	Y/N		
	M	操作过程中注意卫生	2	Y/N		
	M	操作姿态优美	2	Y/N		
	M	动作连贯性好，无停顿	2	Y/N		
搅和 滤冰 法 操作	M	严格按照实训要领操作，操作程序正确	2	Y/N		
	M	所有必需的设备、用具和材料领取正确、可用	2	Y/N		
	M	操作过程中注意卫生	2	Y/N		
	M	操作姿态优美	2	Y/N		
	M	动作连贯性好，无停顿	2	Y/N		
搅拌 法 操作	M	严格按照实训要领操作，操作程序正确	2	Y/N		
	M	所有必需的设备、用具和材料领取正确、可用	2	Y/N		
	M	操作过程中注意卫生	2	Y/N		
	M	操作姿态优美	2	Y/N		
	M	动作连贯性好，无停顿	2	Y/N		

续表

任务	M 测量 J 评判	标准名称或描述	权重	评分 示例	组号 ___	组号 ___
捣和 法 操作	M	严格按照实训要领操作，操作程序正确	2	Y/N		
	M	所有必需的设备、用具和材料领取正确、可用	2	Y/N		
	M	操作过程中注意卫生	2	Y/N		
	M	操作姿态优美	2	Y/N		
	M	动作连贯性好，无停顿	2	Y/N		
绕和 法 操作	M	严格按照实训要领操作，操作程序正确	2	Y/N		
	M	所有必需的设备、用具和材料领取正确、可用	2	Y/N		
	M	操作过程中注意卫生	2	Y/N		
	M	操作姿态优美	2	Y/N		
	M	动作连贯性好，无停顿	2	Y/N		
学习 态度	J	学习态度有待调整，被动学习，延时完成学习任务	15	5		
		学习态度较好，按时完成学习任务		10		
		学习态度认真，学习方法多样，积极主动		15		
综合 印象	J	在所有任务中状态一般，当发现任务具有挑战性时，表现为不良状态	5	1		
		执行任务时保持良好的状态，看起来很专业，但稍显不足		3		
		在执行任务过程中，始终保持出色的状态，整体表现非常专业		5		

选手用时：

裁判签字：　　　　　　　　　　　　　　　　　　年　月　日

调酒计量（Conversion Table）

酒吧调酒计量详见表 2-13 所示。

表 2-13　酒吧调酒计量

NO.	Standard Bar Measurements	酒吧标准计量
1	1oz(ounce)＝30 ml※	1 盎司＝30 毫升
2	1 jigger＝1.5 ounces	1 吉格＝1.5 盎司
3	1 part＝any equal part	1 份等于任意均等份

续表

NO.	Standard Bar Measurements	酒吧标准计量
4	1 dash=1/32 ounce	1 点＝1/32 盎司(约 1 毫升)
5	1 teaspoon(tsp)=1/8 ounce	1 吧匙或茶匙＝1/8 盎司
6	1 tablespoon(tbs)=3/8 ounce	1 汤匙＝3/8 盎司
7	1 wine bottle=750ml=25.4 ounces	1 瓶葡萄酒＝750 毫升＝25.4 盎司
8	1 pony=1 ounce	1 小杯＝1 盎司
9	1 shot=1.5ounces	1 舒特＝1.5 盎司
10	1 snit=3 ounces	1 单元＝6 盎司
11	1 split=6 ounces	1 份＝3 盎司
12	1 wine glass=4 ounces	1 杯红酒＝4 盎司
13	1cup=8 ounces	1 杯＝8 盎司
14	1 pint(pt)=16 ounces=1 mixing glass	1 品脱＝16 盎司＝1 搅拌杯
15	1 quart(qt)=32 ounces	1 夸脱＝32 盎司
16	1 fifth=25.6 ounces=1/5 gallon	1/5 加仑＝25.6 盎司
17	1 litter=33.8 ounces	1 升＝33.8 盎司
18	1 gallon=128 ounces	1 加仑＝128 盎司

※ 为了方便计算,本书中将 1 盎司约等于 30 毫升进行换算。

随堂测试
▼

基本调酒
技巧训练

任务三　掌握制作鲜榨果汁的两种常用方法
Making The Fresh Juice

微课视频
▼

果蔬汁的
基础知识

 任务导入

　　果汁是指以新鲜或冷藏果蔬为原料,挑选、清洗后,通过物理方法,如压榨、浸提、离心等,得到的果蔬的汁液。以果蔬汁为基料,加水、糖等调配而成的汁称为果蔬汁饮料,如图 2-30 所示。

图 2-30　果蔬汁饮料

一、果蔬汁饮料的分类及常见品种

酒吧果蔬汁饮料的分类及常见品种，如表 2-14 所示。

表 2-14　酒吧果蔬汁饮料的分类及常见品种

类　别	概　述	名　品	图　示
100% 纯果汁 100% Juice	（1）非浓缩还原果汁（Not From Concentrate，简称 NFC）：将新鲜原果清洗后压榨出果汁，经瞬间杀菌后直接灌装（不经过浓缩及复原），完全保留了水果原有的风味。 （2）浓缩还原果汁（From Concentrate）：在浓缩果汁中加入与果汁浓缩过程中所失去水分同等量的水而制成。由于经过浓缩与还原的复杂加工，其新鲜度、口感及营养价值均无法与 NFC 产品相比	都乐 （Dole）	
鸡尾酒 混合汁 Cocktail Mix	一种用水、糖、浓缩果汁、柠檬酸、维生素 C、天然香料、柠檬油等制成的特调果汁	调酒客 （Finest）、 岛屿绿洲 （Island Oasis）	
果肉果汁 Pulp Juice	含有少量细碎果粒的果汁	美汁源 （Minute Maid）	
浓缩果汁 Concentrate Juice	水果采摘后，送入果汁原料加工厂，挑选、清洗之后进行破碎、压榨取汁；然后低温真空蒸发之后，果汁变成浓缩汁	新的 （Sunquick）	

续表

类　别	概　述	名　品	图　示
鲜榨果汁 Fresh Squeezed Juice	用水果鲜榨的没有任何添加物的纯果汁	番茄汁 （Tomato Juice）、苹果汁 （Apple Juice）、橙汁 （Orange Juice）	

二、果汁饮料饮用与服务注意事项

（1）果汁饮料需冰镇，也可适当加入冰块。

（2）浓缩果汁要按比例加入冰水进行稀释。

（3）混合果汁饮料一般会产生沉淀，斟倒之前，应先摇匀。

 任务准备

以小组为单位，每组 3—4 人，准备调酒工具和原料，如表 2-15 和表 2-16 所示，以酒吧员"我"的身份进行用压柠器制作新鲜柠檬汁和用榨汁机制作新鲜橙汁的训练。

表 2-15　用压柠器制作新鲜柠檬汁所需原料和用具清单

柠檬 Lemon	压柠器 Lime Squeezer	古典杯 Old Fashioned Glass	水果刀 Paring Knife	砧板 Cutting Board

表 2-16　用榨汁机制作新鲜橙汁所需原料和用具清单

新奇士橙子 Sunkist Oranges	电动榨汁机 Electric Juicer	搅拌杯 Mixing Glass	水果刀 Paring Knife

续表

砧板 Cutting Board	一次性手套 Disposable Gloves	果汁壶 Juice Decanters	

任务实施

一、用压柠器制作新鲜柠檬汁

用压柠器制作新鲜柠檬汁的方法，如表 2-17 所示。

表 2-17　用压柠器制作新鲜柠檬汁的方法

步骤	项目	标准	示例
第一步	初加工	柠檬清洗干净,对切,一分为二	
第二步	准备	将古典杯平放于吧台上,压柠器置于古典杯上,左手握住压柠器手柄,右手打开盖,取半个柠檬	
第三步	放料	将半个柠檬果皮朝下装入压柠器中	

Note

续表

步骤	项 目	标　　准	示　　例
第四步	挤压	握住压柠器的手柄用力挤压，使柠檬汁完全流出	
第五步	取渣	完成后，打开压柠器，取出柠檬果肉残渣	

小经验

柠檬的苦涩味来自皮肉之间的白膜和柠檬籽，榨汁前要先挑出柠檬籽，柠檬切开后，皮上的油脂会慢慢让柠檬果肉产生涩味，所以使用压柠器时，要避免挤压到白膜和柠檬皮，这样柠檬汁就不会有苦涩味。

二、用榨汁机制作新鲜橙汁

用电动榨汁机制作新鲜橙汁的过程，如表 2-18 所示。

表 2-18　用电动榨汁机制作新鲜橙汁

步骤	项 目	要　　领	图　　示
第一步	初加工	将橙子清洗干净、对切，再一分为三，去皮后放入搅拌杯中备用	
第二步	榨汁	将电动榨汁机平放于吧台上，右手投入去皮橙子，左手放入推料杆	

续表

步骤	项 目	要 领	图 示
第三步	取汁	将汁渣分离后的橙汁倒入果汁壶中备用	

任务评价

任务评价主要从学生的仪容仪表、用压柠器制作新鲜柠檬汁、用电动榨汁机制作新鲜橙汁、学习态度和综合印象几个方面进行,详细内容如表 2-19 所示。

表 2-19 "掌握制作鲜榨果汁的两种常用方法"工作任务评价表

任务	M测量 J评判	标准名称或描述	权重	评分示例	组号___	组号___
仪容仪表	M	制服干净整洁、熨烫挺括、合身,符合行业标准	2	Y/N		
	M	鞋子干净且符合行业标准	2	Y/N		
	M	男士修面,胡须修理整齐;女士淡妆,身体部位没有可见标记	2	Y/N		
	M	发型符合职业要求	2	Y/N		
	M	不佩戴过于醒目的饰物	1	Y/N		
	M	指甲干净整洁,不涂有色指甲油	1	Y/N		
用压柠器制作新鲜柠檬汁	M	严格按照实训要领操作,操作程序正确	3	Y/N		
	M	所有必需的设备、用具和材料领取正确、可用	3	Y/N		
	M	操作过程中注意卫生	3	Y/N		
	M	操作姿态优美	3	Y/N		
	M	动作连贯性好,无停顿	3	Y/N		
	M	操作过程中没有浪费	3	Y/N		
	M	器具材料使用完毕后复归原位	3	Y/N		
	J	对酒吧技巧有一定了解,展示技巧一般,提供的最终作品可以饮用	15	5		
		对任务有自信,对酒吧技巧的了解较多,作品呈现较好		10		
		对任务非常有自信,酒吧技术知识丰富,作品呈现优秀		15		

续表

任务	M测量 J评判	标准名称或描述	权重	评分示例	组号___	组号___
用电动榨汁机制作新鲜橙汁	M	严格按照实训要领操作,操作程序正确	3	Y/N		
	M	所有必需的设备、用具和材料领取正确、可用	3	Y/N		
	M	操作过程中注意卫生	3	Y/N		
	M	操作姿态优美	3	Y/N		
	M	动作连贯性好,无停顿	3	Y/N		
	M	操作过程中没有浪费	3	Y/N		
	M	器具材料使用完毕后复归原位	3	Y/N		
	J	对酒吧技巧有一定了解,展示技巧一般,提供的最终作品可以饮用	15	5		
		对任务有自信,对酒吧技巧的了解较多,作品呈现较好		10		
		对任务非常有自信,酒吧技术知识丰富,作品呈现优秀		15		
学习态度	J	学习态度有待调整,被动学习,延时完成学习任务	13	5		
		学习态度较好,按时完成学习任务		9		
		学习态度认真,学习方法多样,积极主动		13		
综合印象	J	在所有任务中状态一般,当发现任务具有挑战性时,表现为不良状态	5	1		
		在执行所有任务时保持良好的状态,看起来很专业,但稍显不足		3		
		在执行任务时,始终保持出色的状态,整体表现非常专业		5		

选手用时：

裁判签字：　　　　　　　　　　　　　　　　　　　　　年　　月　　日

酒吧常用果汁饮料的制作及特点

酒吧常用果汁饮料的制作及特点如表2-20所示。

表 2-20　酒吧常用果汁饮料的制作及特点

品　名	概　况	图　示
橙汁 Orange Juice	橙汁一般以甜橙为原料,经选果、榨汁、过滤、杀菌,制成 100％原汁,然后用这种原汁加工成各种橙汁饮料	
柠檬汁 Lemon Juice	柠檬原产自印度,后传入欧洲、北美,我国从宋代开始种植。柠檬皮为黄色,形状椭圆,其果汁、果肉、果皮被广泛应用于西餐菜肴的烹制中,亦是调制鸡尾酒不可或缺的材料。柠檬经压榨后可制成柠檬汁,柠檬汁呈灰白色,香气浓郁,口味极酸,可用于制作各种柠檬饮料	
菠萝汁 Pineapple Juice	菠萝原产巴西,现广泛种植于热带地区。菠萝汁是菠萝鲜果去皮、榨汁制成的一种饮料。其汁液呈金黄色,香气浓郁,口味酸甜。因菠萝汁含有脂溶性胡萝卜素,常制成含细小果粒的混悬液,果汁较浓稠	
荔枝汁 Lychee Juice	荔枝古称“丹荔”,其英文名称 Lychee(或 Lichee)来自中文的译音。原产中国,以福建、广东两省出产较多,在我国已有 2000 多年的栽培历史。荔枝汁是鲜荔枝经过果肉打浆、脱气、杀菌、均质等工序制成。其汁液呈灰白色,具有浓郁的荔枝香气和独特的风味	
葡萄汁 Grape Juice	葡萄原产亚洲西部和非洲北部。葡萄汁由成熟的葡萄鲜果破碎、榨汁加工而成。葡萄汁有清汁和混汁之分,按汁液又有白色及红色之别,葡萄汁整体上口味酸甜,具有葡萄鲜果的香味	
葡萄柚汁 Grapefruit Juice	葡萄柚俗称“西柚”,为酸橙的变种,其果皮为黄色,其形似柚,果肉有白色、黄色和深红三种,果汁酸中带甜,气味清香,口感酸涩,略带苦味,主产于美国的佛罗里达州	

随堂测试
▼

掌握制作鲜榨果汁的两种常用方法

续表

品　名	概　况	图　示
莱姆汁（青柠汁） Lime Juice	莱姆的英文表述为 Lime，源自阿拉伯文。莱姆是一种类似柠檬的果实，但形状比柠檬圆，表皮呈绿色，故又称为"青柠"。莱姆经榨汁加工制成莱姆汁，莱姆汁酸味强烈，多作为西餐的调味剂或调制鸡尾酒的辅助材料	

任务四　清洗、擦拭酒吧常用载杯
Washing And Wiping Bar Glasses

任务导入

　　酒杯即酒吧用来装酒的杯子，又称为载杯。酒杯是酒艺术风格的重要组成部分。酒杯的运用随着酒的种类、风格的不同而变化。酒杯与酒的配用符合特定的规则，酒的魅力才能得以充分展现和传播。

微课视频

认识酒吧常用载杯

知识拓展1

酒吧载杯概述

知识学习

一、认识酒杯

酒吧常用载杯详见表 2-21 所示。

表 2-21　酒吧常用载杯

古典杯 Old Fashioned Glass	海波杯 High Ball Glass	柯林杯 Collins Glass	飓风杯 Hurricane glass	白兰地杯 Brandy Snifter

续表

白葡萄酒杯 White Wine Glass	红葡萄酒杯 Red Wine Glass	鸡尾酒杯 Cocktail Glass	烈酒杯 Shot Glass	雪莉酒杯 Sherry Glass
玛格利特杯 Margarita Glass	碟形香槟杯 Champagne Saucer Glass	郁金香形香槟杯 Champagne Tulip Glass	笛形香槟杯 Champagne flute	利口酒杯 Liqueur & Cordial Glass
高脚皮尔森啤酒杯 Classics Stemmed Pilsner Glass	生啤杯 Beer Mug	波特酒杯 Port Glass	爱尔兰咖啡杯 Irish Coffee Glass	波可杯 Poco Grande

二、酒杯的清洗与消毒

(一) 酒杯的清洗

酒杯的清洗通常包括三个步骤,即冲洗、浸泡、漂洗,具体如表 2-22 所示。

表 2-22　酒杯的清洗

步　骤	名　称	操　作　说　明
步骤一	冲洗	用清水将客人使用过的酒杯上的残留液汁或污物冲掉
步骤二	浸泡	将冲洗干净的酒杯放入含有清洁剂的溶液中浸泡数分钟，然后再逐一将各种酒杯上的油迹或冲洗不掉的污物清洗掉，直到酒杯内外没有任何污迹为止
步骤三	漂洗	将经过浸泡、清洗干净的酒杯再用清水漂洗一遍，彻底去除酒杯上的清洁剂等，并使之不再带有清洁剂等味道

（二）酒杯的消毒

酒杯的消毒方法包括煮沸消毒法、蒸汽消毒法及远红外线消毒法。

1. 煮沸消毒法

煮沸消毒法是公认的最简单、最可靠的消毒方法。将需消毒的酒杯放入水中后，加温将水煮沸并持续 2—5 分钟就可以达到消毒的目的。注意要将酒杯全部浸没在水中，消毒时间从水沸腾开始计算，水沸腾后不能降温，直至消毒结束。

2. 蒸汽消毒法

消毒柜中插入蒸汽管，通过 90 ℃的热蒸汽对酒杯进行杀菌消毒，消毒时间为 10—15 分钟。注意消毒前须检查消毒柜的密封性能是否良好，避免消毒柜漏气，酒杯之间要留有一定的间隙，以利于蒸汽在酒杯间流通。

3. 远红外线消毒法

远红外线消毒法一般要使用远红外线消毒柜，在 120—150 ℃的持续高温下消毒 15 分钟，基本可以达到消毒杀菌的目的。远红外线消毒法既卫生方便，又易于操作，广受酒店和酒吧的欢迎。

（三）注意事项

酒杯在洗涤和消毒时，应注意以下事项：

（1）调酒工具和酒杯必须分类洗涤，酒杯不可和不锈钢用具混淆在一起，这样容易造成酒杯破损，增加经营成本。

（2）各类酒杯洗涤、消毒后必须妥善保管，避免二次污染。

（3）无论采用何种消毒方法对酒杯进行消毒，都必须注意操作安全。

以小组为单位，每组 3—4 人，抽签选取 3—4 款酒杯，先按步骤清洗酒杯，再以酒吧员"我"的身份进行擦拭酒杯的训练。

任务实施

（1）根据抽签的中英文名称选取酒杯；

（2）按照酒杯的清洗操作说明，冲洗、浸泡和漂洗酒杯；

（3）擦拭酒杯，具体步骤方法如表 2-23 所示。

表 2-23　擦拭酒杯

步　骤	操　作　要　领	图　　示
第一步	将擦杯布折起，左手大拇指放于擦杯布里面	
第二步	左手持布，手心朝上	
第三步	右手取杯，杯底部放入左手手心，握住	
第四步	右手将擦杯布的另一端（对角部分）绕起，放入杯中	

Note

续表

步　骤	操　作　要　领	图　示
第五步	右手大拇指插入杯中，其他四指握住杯子外部，左右手交替转动并擦拭杯子	
第六步	一边擦拭一边观察酒杯是否擦干净	
第七步	擦干净后，右手握住杯子的下部（拿杯子时，有杯脚的拿杯脚，无杯脚的拿底部），放置于吧台的指定位置备用，手指不能再碰杯子内部或上部，以免留下痕迹	

任务评价主要从学生的仪容仪表、酒杯选取、酒杯清洗、擦拭酒杯、学习态度和综合印象几个方面进行，详细内容如表 2-24 所示。

表 2-24　"清洗、擦拭酒吧常用载杯"工作任务评价表

任务	M测量J评判	标准名称或描述	权重	评分示例	组号____	组号____
仪容仪表	M	制服干净整洁、熨烫挺括、合身，符合行业标准	2	Y/N		
	M	鞋子干净且符合行业标准	2	Y/N		
	M	男士修面，胡须修理整齐；女士淡妆，身体部位没有可见标记	2	Y/N		

续表

任务	M 测量 J 评判	标准名称或描述	权重	评分 示例	组号 ——	组号 ——
仪容 仪表	M	发型符合职业要求	2	Y/N		
	M	不佩戴过于醒目的饰物	1	Y/N		
	M	指甲干净整洁,不涂有色指甲油	1	Y/N		
酒杯 选取	M	酒杯领取正确无误	10	Y/N		
酒杯 清洗	M	严格按照说明操作	5	Y/N		
	M	操作程序正确	10	Y/N		
	M	器具材料使用完毕后复归原位	5	Y/N		
擦拭 酒杯	M	严格按照要领操作	5	Y/N		
	M	操作程序正确	10	Y/N		
	M	操作过程中注意卫生	5	Y/N		
	M	操作姿态优美	10	Y/N		
	M	动作连贯性好,无停顿	10	Y/N		
学习 态度	J	学习态度有待调整,被动学习,延时完成学习任务	15	5		
		学习态度较好,按时完成学习任务		10		
		学习态度认真,学习方法多样,积极主动		15		
综合 印象	J	在所有任务中状态一般,当发现任务具有挑战性时,表现为不良状态	5	1		
		在执行所有任务时保持良好的状态,看起来很专业,但稍显不足		3		
		在执行任务时,始终保持出色的状态,整体表现非常专业		5		

选手用时：

裁判签字：　　　　　　　　　　　　　　　　　　　年　　月　　日

酒杯的类型

　　酒杯通常包括杯缘(Rim)、杯体(Bowl)、杯脚(Stem)及杯底(Base),有些杯子还带杯柄。任何一种酒杯都会拥有以上的三个或四个部分(见图2-31),根据这一特点,我们将酒杯分为三类,如表2-25所示。

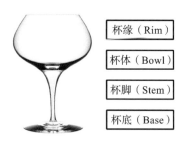

图 2-31　酒杯结构示意图

杯缘（Rim）
杯体（Bowl）
杯脚（Stem）
杯底（Base）

表 2-25　酒杯的类型

类　　型	概　　述	常见品种
平底无脚杯 Tumbler Glass	平底无脚杯杯体有直的、外倾的、曲线形的几种类型，酒杯的名称通常是由所装的饮品的名称来确定	古典杯、海波杯、柯林杯、烈酒杯、生啤杯
矮脚杯 Footed Glass	杯脚矮，粗壮而结实	飓风杯、白兰地杯、水杯、爱尔兰咖啡杯、波可杯
高脚杯 Stemware Glass	杯脚修长，光洁而透明	葡萄酒杯、鸡尾酒杯、雪莉酒杯、玛格利特杯、郁金香形香槟杯、笛形香槟杯、碟形香槟杯、利口酒杯、波特酒杯

任务五　制作酒吧基础装饰物
Preparing Bar Garnishes

任务导入

对一杯鸡尾酒来说，装饰物不仅决定着一杯酒的"形"，同时也影响着一杯酒的"味"。装饰物丰富的视觉效果可以让鸡尾酒更具吸引力，装饰物与鸡尾酒的高匹配度，能增加饮酒时的感官体验，看了、吃了装饰物之后再喝鸡尾酒可以让酒体味道更显浓厚，或是装饰物口感跟酒体味道有一个对比，让饮酒者在喝这杯酒的时候感受不同的层次，在变化中达到平衡。所以鸡尾酒装饰物制作看似简单，实则需要刻苦钻研外观造型、反复验证味道、勤学苦练技巧。

Note

知识
学习

酒吧常用的装饰物原料详见表 2-26 所示。

表 2-26　酒吧常用的装饰物原料

马拉斯奇诺樱桃 Maraschino Cherry	柠檬 Lemon	青柠 Lime	香橙 Orange
菠萝 Pineapple	草莓 Strawberry	树莓 Raspberry	西芹 Celery Stalk
薄荷叶 Mint Leaf	鸡尾酒橄榄 Cocktail Olive	鸡尾酒洋葱 Cocktail Onion	巧克力酱 Chocolate Syrup
姜糖片 Ginger Candy	砂糖 Sugar	食盐 Salt	青苹果 Green Apple

知识拓展 2
▼

酒吧常用
的装饰物
原料概述

Note

续表

咖啡豆 Coffee Bean	迷迭香 Rosemary	百里香 Thyme	鲜奶油 Whipped Cream
苦精 Bitters	冰块 Ice Cubes	奥利奥饼干 Oreo Cookie	肉豆蔻粉 Nutmeg Powder

 任务准备

以小组为单位，每组 3—4 人，准备工具和原材料，如表 2-27 所示，学生以酒吧员"我"的身份抽签制作酒吧基础装饰物一款，制作两份，制作时间为 10 分钟。

表 2-27　制作酒吧基础装饰物所需原料和用具清单

柠檬 Lemon	青柠 Lime	香橙 Orange	菠萝 Pineapple
一次性手套 Disposable Gloves	Y 形削皮器 Y Peeler	水果刀 Paring Knife	砧板 Cutting Board

 Note

续表

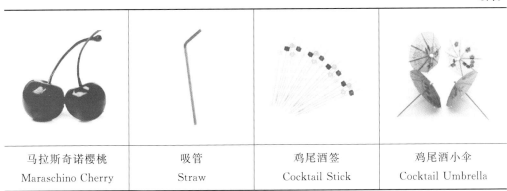

马拉斯奇诺樱桃 Maraschino Cherry	吸管 Straw	鸡尾酒签 Cocktail Stick	鸡尾酒小伞 Cocktail Umbrella

任务
实施

制作酒吧基础装饰物:

一、果皮装饰物制作

柠檬皮、香橙皮装饰物制作方法如表 2-28 所示。

表 2-28　柠檬皮、香橙皮装饰物制作方法

方法	步骤	项目	要　领	图　示
用水果刀削柠檬皮	第一步	削皮	左手握住柠檬,右手拿水果刀,用刀沿着皮肉之间的白膜,小心翼翼地将柠檬皮分离	
	第二步	剔膜	得到的柠檬皮上有一层白膜,将其剔除	

Note

续表

方法	步骤	项目	要　　领	图　　示
使用Y形削皮器削橙皮	第一步	削皮	左手拿 Y 形削皮器，右手握住香橙，沿着皮肉之间的白膜，小心翼翼地将香橙皮分离	
	第二步	修剪	用水果刀修剪香橙皮的边缘	
	第三步	成形	为了更加美观，将香橙皮修剪得整齐、平整，然后将两端切成斜角	

二、青柠片装饰物制作

青柠片（Lime Slice）装饰物制作方法如表 2-29 所示。

表 2-29　青柠片装饰物制作方法

步骤	项　　目	要　　领	图　　示
第一步	准备	（1）消毒刀和砧板； （2）将湿布放在砧板下，防止砧板滑动； （3）去除水果上的标签，清洗水果； （4）洗手； （5）戴上手套	

续表

步骤	项　目	要　　领	图　示
第二步	去蒂	擦干青柠,切去蒂头	
第三步	切片	将青柠切成0.3厘米厚的片	
第四步	再切片	每间隔约0.3厘米下刀,切成若干薄片	
第五步	开口	将青柠片由中央竖直向下切一刀,使其开口	
第六步	挂杯	用青柠片挂杯装饰	

三、香橙角装饰物制作

香橙角（Orange Wedge）装饰物制作方法如表 2-30 所示。

表 2-30　香橙角装饰物制作方法

步骤	项　目	要　　领	图　　示
第一步	准备	（1）消毒刀和砧板； （2）将湿布放在砧板下，防止砧板滑动； （3）去除水果上的标签，清洗水果； （4）洗手； （5）戴上手套	
第二步	去蒂	擦干香橙，切去蒂头	
第三步	对切	纵向将香橙切成两半	
第四步	切口	从中央切口	
第五步	切角	切成四分之一角	
第六步	挂杯	用香橙角挂杯装饰	

四、菠萝角装饰物制作

菠萝角(Pineapple Wedge)装饰物制作方法如表 2-31 所示。

表 2-31　菠萝角装饰物制作方法

步骤	项　目	要　　领	图　　示
第一步	准备	(1) 消毒刀和砧板; (2) 将湿布放在砧板下,防止砧板滑动; (3) 去除水果上的标签,清洗水果; (4) 洗手; (5) 戴上手套	
第二步	剔除	切除菠萝的头部和尾部	
第三步	对切	将菠萝纵向切成两半	
第四步	等分	根据菠萝的大小,再纵向切成 2 等份或 3 等份	
第五步	划口	菠萝去心,中央划口,深度约为菠萝半径的 1/2	
第六步	切片	将菠萝切成 1 厘米厚的片,制作菠萝角	

续表

步骤	项　目	要　　　领	图　　　示
第七步	挂杯	菠萝角挂杯装饰	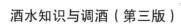

五、柠檬卷曲条装饰物制作

柠檬卷曲条（Lemon Twist）装饰物制作方法如表 2-32 所示。

表 2-32　柠檬卷曲条装饰物制作方法

步骤	项　目	要　　　领	图　　　示
第一步	准备	（1）消毒刀和砧板； （2）将湿布放在砧板下，防止砧板滑动； （3）去除水果上的标签，清洗水果； （4）洗手； （5）戴上手套	
第二步	切片	取一个新鲜的柠檬，从柠檬最厚的部分切下，切出一片约 0.3 厘米厚的柠檬片	
第三步	开口	沿切片半径切口	
第四步	分离	用刀尖沿着皮肉之间的白膜，小心翼翼地将柠檬皮与果肉分离	

续表

步骤	项　目	要　　领	图　示
第五步	去肉	把柠檬皮上的果肉切掉,这样就得到一条又长又薄的柠檬皮	
第六步	剔膜	将白膜从柠檬皮条上剔掉	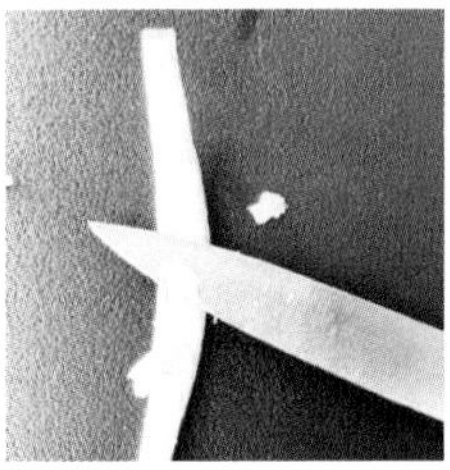
第七步	修剪	修剪柠檬皮条边缘,使柠檬皮条宽度一致,看起来更美观	
第八步	卷曲	简单地用手扭转柠檬皮条,将柠檬皮条拧成卷曲的 Q 形	
第九步	挂杯	这种柠檬装饰物被称为柠檬卷曲条,主要用来装饰鸡尾酒。青柠卷曲条和香橙卷曲条与柠檬卷曲条的制作方法相同	

六、香橙旗、菠萝旗装饰物制作

香橙旗(Orange Flag)、菠萝旗(Pineapple Flag)是用鸡尾酒签把樱桃、香橙角/片、菠萝角穿连挂杯的装饰物,如图 2-32 所示。

图 2-32　菠萝旗、香橙旗装饰物

任务评价主要从学生的仪容仪表、制作过程、操作卫生、学习态度和综合印象几个方面进行，详细内容如表 2-33 所示。

表 2-33　"制作酒吧基础装饰物"工作任务评价表

任务	M 测量 J 评判	标准名称或描述	权重	评分 示例	组号 ——	组号 ——
仪容 仪表	M	制服干净整洁、熨烫挺括、合身，符合行业标准	2	Y/N		
	M	鞋子干净且符合行业标准	2	Y/N		
	M	男士修面，胡须修理整齐；女士淡妆，身体部位没有可见标记	2	Y/N		
	M	发型符合职业要求	2	Y/N		
	M	不佩戴过于醒目的饰物	1	Y/N		
	M	指甲干净整洁，不涂有色指甲油	1	Y/N		
制作 过程	M	制作方法正确	5	Y/N		
	M	装饰物成品一致	5	Y/N		
	M	器具和材料使用完毕后复归原位	5	Y/N		
	M	操作过程中没有浪费	5	Y/N		
	J	分割部分准确	9	3 6 9		
	J	走刀光滑平整	9	3 6 9		
	J	层次清晰、棱角分明	9	3 6 9		

续表

任务	M测量 J评判	标准名称或描述	权重	评分 示例	组号 ——	组号 ——
制作 过程	J	成品厚薄均匀	9	3 6 9		
	J	大小适当,挂杯装饰比例协调	9	3 6 9		
操作 卫生	M	讲究个人、场地、器皿卫生	5	Y/N		
学习 态度	J	学习态度有待加强,被动学习,延时完成学习任务	15	5		
		学习态度较好,按时完成学习任务		10		
		学习态度认真,学习方法多样,积极主动		15		
综合 印象	J	在所有任务中状态一般,当发现任务具有挑战性时表现为不良状态	5	1		
		在执行所有任务时保持良好的状态,看起来很专业,但稍显不足		3		
		在执行任务时,始终保持出色的状态,整体表现非常专业		5		

选手用时:

裁判签字:　　　　　　　　　　　　　　　　　　　年　　月　　日

糖边、盐边装饰物制作

糖边(Sugar Rimmer)或盐边(Salt Rimmer)装饰物的制作方法如表2-34所示。

表 2-34　糖边或盐边装饰物的制作方法

步骤	项目	要领	图示
第一步	放料	将砂糖、食盐和柠檬汁均匀撒在鸡尾酒沾边盒糖层、盐层和带海绵的果汁层里	

续表

步骤	项　目	要　　领	图　　示
第二步	蘸汁	右手拿杯底，将杯口在带海绵的柠檬汁层转动一圈，使杯口沾上果汁	
第三步	黏边	左手拿杯柄，将有果汁的酒杯倒放在糖层或盐层里，转动一卷，使砂糖或食盐均匀沾到杯口	

随堂测试

▼

制作酒
吧基础
装饰物

任务六　制作常用冰类装饰物
Making Ice Decorations

 任务导入

　　冰块是鸡尾酒的灵魂，也是鸡尾酒的装饰物，透明度极高的冰球在喝威士忌的时候时常用到，相对其他冰块，冰球表面积较小，不容易融化，极具观赏价值，亦能为一杯上好的威士忌提供恒温，威士忌里的"冰球艺术"就是视觉、听觉、嗅觉及味觉多重感官的完美融合。

 知识学习

　　冰块实际是一个"冷冻装置"，它可以改变酒的温度并稀释酒的浓度，混合不同酒的口味，完美打造一杯整体风格和谐统一的美味鸡尾酒。

按照 19 世纪沿袭下来的鸡尾酒配方要求,常见的冰块有以下几种,即制冰机冰块、定制冰块和碎冰,如表 2-35 所示。

表 2-35　冰块的种类

种　　类	概　　述	图　　示
制冰机冰块 Bar Ice Cubes	酒吧为了满足冰块的量的使用需求,大多使用制冰机来制造冰块,制冰机基本都有逆渗透系统,因此可以快速制作出大量高纯度、低杂质的冰块。 　制冰机冰块的优点是产出速度快、杂质少(清澈透明)、无异味(制冰机不会放其他东西);缺点是冰块偏小、硬度低、棱角多	
定制冰块 Crystal Ice Block	定制冰块又叫冰砖或老冰。高级的威士忌酒吧和雪茄吧,会在杯中装盛一个威士忌广告中常见的大冰球,这种冰球要向厂商特别定制。 　定制冰块又大又硬不易融化,透明、无杂质、无异味,用来调酒既不会过度稀释,又能达到冷却的效果,使酒品呈现出较佳的口感	
碎冰 Crushed Ice	碎冰的融化速度比较快,可以迅速将酒冰冻,并且可以增加出水量,非常适合需要摇匀、搅拌的水果酒及夏天喝的鸡尾酒,如莫吉托(Mojito)、薄荷朱丽普、碎冰鸡尾酒等。使用专用碎冰机可以把冰块变成碎冰	

小知识

　制冰机冰块中间都有一个凹洞,它会增加液体与冰块的接触面积,冷却液体的速度较实心冰块来得快,但也因为这个凹洞,它们的硬度很低,摇和时显得特别脆弱,容易因撞击而碎掉。在冰块需求量更大时,制冰机为了快速制作,冰块中间的空心会更大,摇合时冰块碎裂与融化的速度会更快,当然,酒品喝起来也很淡。

任务
准备

以小组为单位，每组 3—4 人，准备工具和原材料，如表 2-36 所示，学员以酒吧员"我"的身份制作威士忌冰球和薄荷朱丽普冰镇杯。

表 2-36　制作威士忌冰球和薄荷朱丽普镇杯所需原料和用具清单

定制冰块 Crystal Ice Block	三叉戟凿冰器 Deluxe 3-Prong Ice Pick	冰锥 Ice Picks	碎冰机 Ice Crusher
制冰机冰块 Bar Ice Cubes	冰桶 Ice Bucket	摇酒壶 Shaker	朱丽普杯 Julep Cup

任务
实施

一、威士忌冰球装饰物制作

威士忌冰球装饰物制作方法如表 2-37 所示。

表 2-37　威士忌冰球装饰物制作方法

步骤	项　目	要　领	图　示
第一步	开冰	取一块冻好的老冰块，选择较为透明的两端，用冰锥剁出一颗正方体冰块，目测为正方体即可	

续表

步骤	项目	要领	图示
第二步	削角	用三叉戟凿冰器和冰锥将正方体冰块周围的尖角削除,方便转动	
第三步	凿冰球	将冰块置于胸前合适的位置,左手旋转冰块,右手四指握住三叉戟凿冰器,三叉戟凿冰器按弧形线路刺向冰块,逐步将冰块削圆	
第四步	精修	精修冰球至比杯口稍小即可	

二、薄荷朱丽普冰镇杯装饰物制作

薄荷朱丽普冰镇杯制作方法如图 2-33 所示。

工具:

如何让碎冰包围杯边

摇酒壶　冰桶

1.

准备一些碎冰,把碎冰倒入冰桶至半桶左右。

*不宜倒入过满碎冰,这样会很难将摇酒壶插入。

图 2-33　薄荷朱丽普冰镇杯制作方法

2.

插入摇酒壶，使其牢固后再
围绕其周边加满碎冰。

*插入摇酒壶稍用力挤压使其相对固定，
然后再加满碎冰在它的周围。

3.

放置片刻后取出摇酒壶，用刀背或
冰锥等硬物轻轻敲走多余碎冰。

*放置1—2分钟便可取出，亦可在放置
过程中向摇酒壶中加入材料直接调制鸡
尾酒，调制完再取出。

续图 2-33

任务
评价

任务评价主要从学生的仪容仪表、制作过程、操作卫生、学习态度和综合印象几个
方面进行，详细内容如表 2-38 所示。

表 2-38 "制作常用冰类装饰物"工作任务评价表

任务	M 测量 J 评判	标准名称或描述	权重	评分 示例	组号 ___	组号 ___
仪容 仪表	M	制服干净整洁、熨烫挺括、合身，符合行业标准	2	Y/N		
	M	鞋子干净且符合行业标准	2	Y/N		
	M	男士修面，胡须修理整齐；女士淡妆，身体部位没有可见标记	2	Y/N		
仪容 仪表	M	发型符合职业要求	2	Y/N		
	M	不佩戴过于醒目的饰物	1	Y/N		
	M	指甲干净整洁，不涂有色指甲油	1	Y/N		
制作 过程	M	制作方法正确	5	Y/N		
	M	器具和材料使用完毕后复归原位	5	Y/N		
	M	操作过程中没有浪费	5	Y/N		

续表

任务	M 测量 J 评判	标准名称或描述	权重	评分 示例	组号 ——	组号 ——
制作 过程	J	分割部分准确	9	3 6 9		
	J	走刀光滑平整	9	3 6 9		
	J	冰球表面凿出纹路和棱角层次清晰	9	3 6 9		
	J	标准形状是球形,大小刚好放入杯中	9	3 6 9		
	J	碎冰层次分明	9	3 6 9		
操作 卫生	M	讲究个人卫生	5	Y/N		
	M	讲究场地、器皿卫生	5	Y/N		
学习 态度	J	学习态度有待调整,被动学习,延时完成学习任务	15	5		
		学习态度较好,按时完成学习任务		10		
		学习态度认真,学习方法多样,积极主动		15		
综合 印象	J	在所有任务中状态一般,当发现任务具有挑战性时表现为不良状态	5	1		
		在执行所有任务时保持良好的状态,看起来很专业,但稍显不足		3		
		在执行任务时,始终保持出色的状态,整体表现非常专业		5		

选手用时:

裁判签字:　　　　　　　　　　　　　　　　　　　　　　　　年　　月　　日

碗型碎冰装饰物制作

(一)原料和用具准备

碗型碎冰装饰物制作所需原料和用具清单如表 2-39 所示。

表 2-39　碗型碎冰装饰物制作所需原料和用具清单

制冰机冰块 Bar Ice Cubes	冰桶 Ice Bucket	碎冰机 Ice Crusher	压柠器 Lime Squeezer

（二）碗型碎冰装饰物制作

碗型碎冰制作方法见图 2-34 所示。

工具：

压柠器

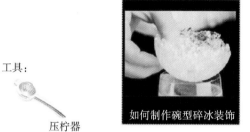

如何制作碗型碎冰装饰

1.

准备一些碎冰，用碎冰装满压柠器。
*推荐用不锈钢压柠器，选购时注意压柠器底部必须是圆形的。

2.

用力挤压压柠器，使碎冰完全黏合。
*用力挤压时碎冰会慢慢牢固地黏合在一起，多余的碎冰会自动掉出来。

3.

完成后的碗型碎冰比较牢固，可以在里面加入一些果肉碎装饰。
*将碗型碎冰置于杯口，加入一些果肉碎装饰，倒入一点点果泥，又香甜又好看。

图 2-34　碗型碎冰装饰物制作方法

随堂测试
▼

制作常用冰类装饰物

任务七　碳酸饮料之秀兰·邓波儿服务
Soft Drink Shirley Temple Service

 任务导入

　　在酒店酒吧工作的第四个月,我能对基础酒品进行装饰了,也学会了威士忌冰球、薄荷朱丽普冰镇杯和碗型碎冰装饰物的制作,今天是一个非常忙碌的日子,酒吧经理安排我在自助餐厅为客人提供碳酸饮料服务,这是一次难得的对客服务机会。

 知识学习

一、认识碳酸饮料

　　碳酸饮料是在经过纯化的饮用水中压入二氧化碳气体的饮料的总称,又称汽水,英文名为 Soda。

　　碳酸饮料名品如表 2-40 所示。

表 2-40　碳酸饮料名品

干姜水 Ginger Ale	雪碧 Sprite	汤力水 Tonic Water	胡椒水 Dr Pepper	苏打水 Soda Water
百事可乐 Pepsi	可口可乐 Coca Cola	无糖雪碧 Sprite Zero	无糖可乐 Diet Coke	

二、碳酸饮料饮用与服务注意事项

（1）饮用前需要冷藏，饮用最佳温度为 4—8 ℃。

（2）开瓶时不要摇动，避免饮料喷出溅洒到客人身上。

（3）碳酸饮料是混合饮料中不可或缺的辅料，在配制混合饮料时不可摇和，而是在调制时直接倒入杯中。

（4）碳酸饮料在使用前要注意保质期，避免使用过期饮品。

 小知识

　　碳酸饮料中二氧化碳的作用主要有：①使饮料溢出大量的碳酸泡沫，给人一种心理上的条件反射，必欲得之痛饮为快；②刺激消化液分泌，增进食欲。饮用碳酸饮料，可促进口腔唾液和肠胃消化液的分泌，使人们食欲顿增；③饮料中二氧化碳的能吸收和带走人体内部的部分热量，从而使人感到饮后有清凉感和快感，同时达到消暑解渴的效果。

三、秀兰·邓波儿无酒精鸡尾酒

　　秀兰·邓波儿（Shirley Temple）无酒精鸡尾酒（见图 2-35），是美国加利福尼亚州西好莱坞餐厅的调酒师为招待当时著名童星秀兰·邓波儿而调制的，这款酒以秀兰·邓波儿的名字命名。秀兰·邓波儿无酒精鸡尾酒经常被用来代替酒饮，供与成人一起用餐的儿童饮用，味道酸甜可口。秀兰·邓波儿无酒精鸡尾酒的酒谱如图 2-36 所示。

Shirley · Temple
GLASS：Pint
TECHNIQUE：Build
GARNISH：Maraschino Cherries
INGREDIENTS：
1OZ . Grenadine Syrup
Top with Sprite or 7-Up
MIXOLOGY：Build Grenadine syrup over ice in glass.
Top with Sprite or 7-Up.

图 2-35　秀兰·邓波儿无酒精鸡尾酒　　图 2-36　秀兰·邓波儿无酒精鸡尾酒国际酒谱

任务准备

　　以小组为单位，每组 3—4 人，准备原料和用具，如表 2-41 所示，采用角色扮演的方式营造真实的工作情境，以酒吧员"我"的身份为小朋友调制与服务一杯秀兰·邓波儿无酒精鸡尾酒。

表 2-41　秀兰·邓波儿无酒精鸡尾酒所需原料和用具清单

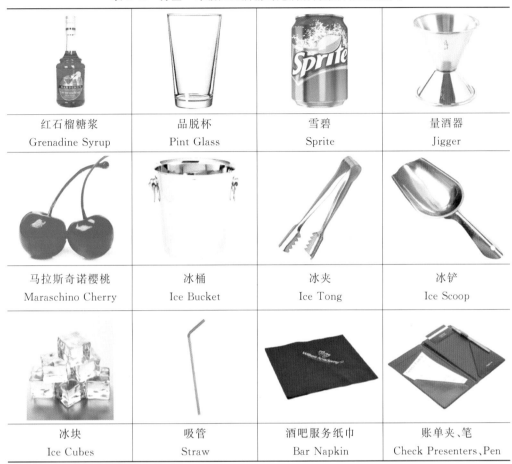

红石榴糖浆 Grenadine Syrup	品脱杯 Pint Glass	雪碧 Sprite	量酒器 Jigger
马拉斯奇诺樱桃 Maraschino Cherry	冰桶 Ice Bucket	冰夹 Ice Tong	冰铲 Ice Scoop
冰块 Ice Cubes	吸管 Straw	酒吧服务纸巾 Bar Napkin	账单夹、笔 Check Presenters、Pen

任务
实施

一、秀兰·邓波儿无酒精鸡尾酒的调制

一杯秀兰·邓波儿无酒精鸡尾酒的调制过程如表 2-42 所示。

表 2-42　秀兰·邓波儿无酒精鸡尾酒的调制过程

步骤	项　目	要　领	图示/示例
第一步	加冰	在品脱杯中加入冰块至八分满	

续表

步　骤	项　目	要　领	图示/示例
第二步	加糖浆	用量酒器量入 30 毫升红石榴糖浆	
第三步	加雪碧	在顶部加入雪碧至九分满	
第四步	装饰	用镊子夹取马拉斯奇诺樱桃和吸管进行装饰	

二、秀兰·邓波儿无酒精鸡尾酒的服务

一杯秀兰·邓波儿无酒精鸡尾酒的服务流程如表 2-43 所示。

表 2-43　秀兰·邓波儿无酒精鸡尾酒的服务流程

步　骤	项　目	要　领
第一步	仪容仪表	酒吧员每日工作前必须对自己的仪容仪表进行修饰整理,做到制服干净整洁、熨烫挺括、合身,工鞋干净,在工作中站姿、走姿优美,要有明朗的笑容
第二步	迎客	在客人靠近吧台的 20—30 秒内问候客人,对客人的到来表示热烈的欢迎。如:"尊敬的××,中午好,欢迎来到帆船自助餐厅,我的名字是王勇,很荣幸为您服务。"
第三步	点单	(1) 主动向客人推荐碳酸饮料。如:"您好,请问您想喝点碳酸饮料吗?" (2) 待客人点好后,重复客人的订单以确保准确。如:"您点的是秀兰·邓波儿,对吗?" (3) 确认订单后,迅速在酒吧销售电脑下单,并打印二联单小票

续表

步　骤	项　目	要　　　领
第四步	结账	(1) 用账单夹双手奉上账单,请客人在账单上签字确认,并返还收据; (2) 结账完毕,向客人道谢
第五步	调制	按照表2-42(秀兰·邓波儿无酒精鸡尾酒的调制过程)进行
第六步	服务	秀兰·邓波儿无酒精鸡尾酒调制完毕后,用酒吧服务纸巾包住酒杯中部,双手递给小朋友并说:"让您久等了,这是您的秀兰·邓波儿,请慢用。"
第七步	送客	送客并对客人说:"谢谢,欢迎再次光临。"

任务评价主要从学生的仪容仪表、鸡尾酒调制、鸡尾酒服务、学习态度和综合印象几个方面进行,详细内容如表2-44所示。

表2-44　"秀兰·邓波儿无酒精鸡尾酒的服务"工作任务评价表

任务	M 测量 J 评判	标准名称或描述	权重	评分 示例	组号 ——	组号 ——
仪容 仪表	M	制服干净整洁、熨烫挺括、合身,符合行业标准	2	Y/N		
	M	鞋子干净且符合行业标准	2	Y/N		
	M	男士修面,胡须修理整齐;女士淡妆,身体部位没有可见标记	2	Y/N		
	M	发型符合职业要求	2	Y/N		
	M	不佩戴过于醒目的饰物	1	Y/N		
	M	指甲干净整洁,不涂有色指甲油	1	Y/N		
鸡尾 酒 调制	M	所有必需用具和材料全部领取正确、可用	4	Y/N		
	M	鸡尾酒调制方法正确	4	Y/N		
	M	鸡尾酒调制过程中没有浪费	4	Y/N		
	M	鸡尾酒调制过程没有滴酒	4	Y/N		
	M	鸡尾酒成分合理	4	Y/N		
	M	鸡尾酒出品符合行业标准,约九分满	4	Y/N		
	M	操作过程注意卫生	4	Y/N		
	M	器具和材料使用完毕后复归原位	4	Y/N		

续表

任务	M测量 J评判	标准名称或描述	权重	评分 示例	组号 ——	组号 ——
鸡尾酒调制	J	对酒吧任务不自信，缺乏展示技巧，无法提供最终作品或最终作品无法饮用	12	3		
		对酒吧技巧有一定了解，展示技巧一般，提供的最终作品可以饮用		6		
		对任务充满自信，对酒吧技巧的了解较多，作品呈现与装饰物展现较好		9		
		对任务非常有自信，与客人有较好的交流，酒吧技术知识丰富，作品呈现优秀，装饰物完美		12		
鸡尾酒服务	M	礼貌地迎接、送别客人	4	Y/N		
	M	服务鸡尾酒与客人点单一致	4	Y/N		
	J	全程没有或较少使用英文	12	3		
		全程大部分使用英文，但不流利		6		
		全程使用英文，较为流利，但专业术语欠缺		9		
		全程使用英文，整体流利，使用专业术语		12		
	J	在服务过程中没有互动，没有解释和服务风格	12	3		
		在服务过程中有一些互动，对鸡尾酒有介绍，具有适当的服务风格		6		
		在服务过程中有自信，对鸡尾酒的原料和创意有基本的介绍，有良好的互动，在服务过程中始终如一		9		
		与客人有极好的互动，对鸡尾酒原料有清晰的介绍，清楚讲解鸡尾酒创意，展示高水准的服务技巧		12		
学习态度	J	学习态度有待调整，被动学习，延时完成学习任务	9	3		
		学习态度较好，按时完成学习任务		6		
		学习态度认真，学习方法多样，积极主动		9		
综合印象	J	在所有任务中状态一般，当发现任务具有挑战性时表现为不良状态	5	1		
		在执行所有任务时保持良好的状态，看起来很专业，但稍显不足		3		
		在执行任务时，始终保持出色的状态，整体表现非常专业		5		

选手用时：

裁判签字：　　　　　　　　　　　　　　　　　　　　　　　年　　月　　日

随堂测试
▼

无酒精鸡
尾酒之秀
兰·邓波
儿服务

酒 谱

　　酒谱就是调酒的操作说明书,酒谱包含五个部分:Glass 杯具、Technique 调制方法、Garnish 装饰物、Ingredients 材料、Mixology 调制过程,调制过程中的 Top with Sprite or 7-Up,是指在顶部加入雪碧或七喜。

任务八　矿泉水服务
Mineral Water Service

任务导入

　　在酒店酒吧工作的第六个月,我能对碳酸饮料进行服务了,经过 180 天的努力工作和不断学习,我在职业道德、职业素养、工作技能和业务知识上取得了全面的进步,令人兴奋的是我的出色表现得到了酒吧管理层的一致的认可,酒吧经理向人事部打了报告,晋升我为酒吧服务员,真的很感激他们!

一、认识矿泉水

　　矿泉水是从地下深处自然涌出的或经人工揭露的、未受污染的地下矿水,含有一定量的矿物盐、微量元素或二氧化碳气体。

　　矿泉水分为天然矿泉水和人造矿物质水两大类。

　　1. 天然矿泉水

　　天然矿泉水是指从地下深处自然涌出的或经钻井采集的,含有一定量的矿物盐、微量元素或其他成分,在一定区域未受污染并采取预防措施避免污染的水。

　　2. 人造矿物质水

　　人造矿物质水以城市自来水为原水,经过纯净化加工,再添加矿物质,杀菌处理后灌装而成。

二、著名矿泉水

酒吧著名矿泉水列举详见表 2-45。

表 2-45　酒吧著名矿泉水列举

巴黎水 Perrier	依云矿泉水 Evian	阿波林娜利斯矿泉水 Apollinaris	圣培露矿泉水 San Pellegrino

以小组为单位，每组 3—4 人，准备原料和用具，如表 2-46 所示，采用角色扮演的方式营造真实工作情境，以酒吧员"我"的身份进行依云矿泉水服务。

表 2-46　依云矿泉水服务所需原料和用具清单

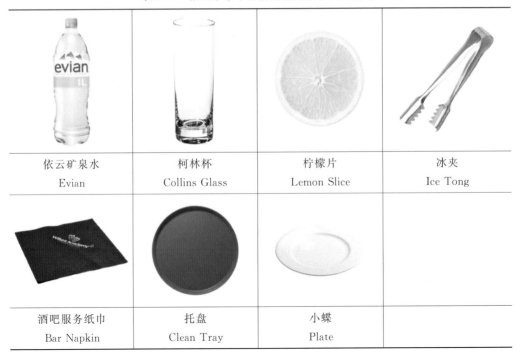

依云矿泉水 Evian	柯林杯 Collins Glass	柠檬片 Lemon Slice	冰夹 Ice Tong
酒吧服务纸巾 Bar Napkin	托盘 Clean Tray	小蝶 Plate	

任务实施

依云矿泉水服务程序,如表 2-47 所示。

表 2-47　矿泉水服务程序

步　骤	项　目	要　　领	图　　示
第一步	准备	在酒吧后吧准备柯林杯、柠檬片和冰夹等,凭小票从吧台领取依云矿泉水,放在托盘上,走到客人座位前,在客人右侧做矿泉水服务	
第二步	纸巾服务	把 2 张酒吧服务纸巾摆放在客人面前的桌子上,图案正对客人	
第三步	酒杯服务	把柯林杯放在靠近客人右手边的纸巾上;大声报矿泉水的名字,向客人确认品牌并询问是否打开	
第四步	矿泉水服务	矿泉水的商标正对客人,将矿泉水倒入杯中,至八分满,将矿泉水瓶子上的商标正对客人,摆放在另一张服务纸巾上	
第五步	柠檬服务	询问客人是否需要柠檬片,如需要柠檬片,则用冰夹将其夹入杯中;然后说:"尊敬的先生/女士,让您久等了,这是您需要的矿泉水,请慢用!"	
第六步	巡台服务	随时留意客人的矿泉水,当你注意到二分之一的杯子是空的的时候,主动为客人添加剩余的矿泉水,并询问客人是否需要再来一瓶	

Note

续表

步　骤	项　目	要　领	图　示
第七步	收台清洁	（1）客人离开后，清除客人桌子上的空酒杯、空瓶、柠檬和垃圾。空酒杯放入洗杯机中清洗，柠檬、空瓶等做分类处理。 （2）清洁并消毒桌子，重新安排座位，恢复到开吧营业的状态	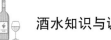

 任务评价

　　任务评价主要从学生的仪容仪表、服务程序、学习态度和综合印象四个方面进行，详细内容如表 2-48 所示。

表 2-48　"矿泉水服务"工作任务评价表

任务	M 测量 J 评判	标准名称或描述	权重	评分示例	组号____	组号____
仪容仪表	M	制服干净整洁、熨烫挺括、合身，符合行业标准	2	Y/N		
	M	鞋子干净且符合行业标准	2	Y/N		
	M	男士修面，胡须修理整齐；女士淡妆，身体部位没有可见标记	2	Y/N		
	M	发型符合职业要求	2	Y/N		
	M	不佩戴过于醒目的饰物	1	Y/N		
	M	指甲干净整洁，不涂有色指甲油	1	Y/N		
服务程序	M	礼貌地迎接、送别客人	5	Y/N		
	M	服务矿泉水与客人点单一致	5	Y/N		
	M	所有必需用具和材料全部领取正确、可用	5	Y/N		
	M	服务方法正确、技巧熟练	5	Y/N		
	M	服务过程中没有滴酒	5	Y/N		
	M	操作过程注意卫生	5	Y/N		
	M	器具使用完毕后复归原位	5	Y/N		
	J	全程没有或较少使用英文	15	4		
		全程大部分使用英文，但不流利		8		
		全程使用英文，较为流利，但专业术语欠缺		12		
		全程使用英文，整体流利，使用专业术语		15		

续表

任务	M 测量 J 评判	标准名称或描述	权重	评分 示例	组号 ——	组号 ——
服务 程序	J	在服务过程中没有互动,没有解释和服务风格	20	5		
		在服务过程中有一些互动,对矿区水有介绍,有适合的服务风格		10		
		在服务过程中有自信,对矿泉水的相关知识有基本的介绍,有良好的互动,在服务过程中始终如一		15		
		与客人有极好的互动,对矿泉水相关知识有清晰的介绍,清楚讲解矿泉水产地、口感,展示高水准的服务技巧		20		
学习 态度	J	学习态度有待调整,被动学习,延时完成学习任务	15	5		
		学习态度较好,按时完成学习任务		10		
		学习态度认真,学习方法多样,积极主动		15		
综合 印象	J	在所有任务中状态一般,当发现任务具有挑战性时表现为不良状态	5	1		
		在执行所有任务时保持良好的状态,看起来很专业,但稍显不足		3		
		在执行任务时,始终保持出色的状态,整体表现非常专业		5		

选手用时:

裁判签字:　　　　　　　　　　　　　　　　　　年　　月　　日

服务工具的识别和使用

一、托盘 Clean Tray

托盘是酒吧服务人员在营业前开吧摆台准备、营业中提供酒水和小食服务、营业后收台清理时运送各种物品的一种基本服务工具(见图 2-37)。正确有效地使用托盘是每一位酒吧服务人员在工作中必须掌握的基本服务技能。托盘的使用方法如表 2-49 所示。

图 2-37　托盘 Clean Tray

表 2-49　托盘的使用方法

项　目	操　作　说　明	图　　示
理盘	用干净的擦杯布将托盘清理干净，无水渍、无杂物	
装托	将所需物品按照高的、重的、后用的原则放在靠后的位置，即靠近身体的一侧；将矮的、轻的、先用的放在托盘靠前的位置	
起托	左手扶着托盘边缘，右手将托盘拉出三分之二，左手五指分开呈五点支撑，放在托盘下边，右手扶着托盘，中心掌握好后松开右手	
行走	头正，颈直，两眼目视前方，面带微笑，靠着走廊右侧行走。如遇客人，侧身过去，右手做护托动作并点头示意问好	
卸托	右手扶着托盘边缘，左手撤出将托盘三分之一放在备餐柜上，右手缓缓将托盘推进去	

续表

项　目	操作说明	图　示
归位	将托盘平稳放于备餐柜上,将托盘内高的、重的、后用的物品摆放在备餐柜台面靠后的位置,将矮的、轻的、先用的放在靠前的位置。并将托盘放回原位	

二、海马刀 Opener

海马刀号称"开瓶器之王"(见图 2-38),选用优质不锈钢和中碳钢制成。海马刀,主要由啤酒开、螺旋钻和小锯齿刀三个主要部分组成,美观轻便,使用方便,是一种开启快捷、携带安全方便的啤酒和葡萄酒两用开瓶器。海马刀的使用方法如图 2-39 所示。

图 2-38　海马刀 Opener

| 01 海马刀开启葡萄酒的方法 | 02 用小锯齿刀切开胶帽 | 03 螺旋杆"斜尖进入中心" | 04 将螺旋钻旋入软木塞 |

| 05 用海马刀卡住瓶口 | 06 利用杠杆原理翘起木塞 | 07 优雅地拉出木塞 | 08 不喝的时候塞好瓶口 |

图 2-39　海马刀的使用方法

项目三
走进酒吧去服务——成为
一名酒吧服务员

 项目概述

　　本项目从啤酒和葡萄酒服务入手,首先让读者对酒吧服务员所需知识和技能有一个初步了解,然后通过学习白兰地、威士忌、金酒、伏特加、朗姆酒、特基拉和中国白酒服务,让读者掌握酒吧服务员的工作流程和服务规范,最后对开胃酒和利口酒服务进行详细介绍。

项目目标

知识目标

1. 能识别各类酒水的中英文名。
2. 能解说啤酒、葡萄酒、白兰地、威士忌、金酒、伏特加、朗姆酒、特基拉、中国白酒、开胃酒和利口酒的服务程序。
3. 能说出啤酒、葡萄酒、白兰地、威士忌、金酒、伏特加、朗姆酒、特基拉、中国白酒、开胃酒和利口酒背后的知识。

能力目标

能够正确规范地使用调酒和服务工具、运用正确的调酒计量调酒和服务技巧,选择正确的酒杯,制作合适的装饰物为客人进行啤酒、葡萄酒、白兰地、威士忌、金酒、伏特加、朗姆酒、特基拉、中国白酒、开胃酒和利口酒服务。

素质目标

1. 培养学生规范操作的标准意识。
2. 树立热情友好、宾客至上的服务理念。
3. 通过学习酒水背后的知识,提高学生酒文化意识。
4. 注重安全卫生、出品优良,培养高度责任心。
5. 弘扬培智精技、学而不厌的工匠精神。
6. 培养爱岗敬业、诚实守信、遵纪守法、廉洁奉公的职业道德。

任务一　啤酒服务
Beer Service

任务导入

　　啤酒是人类最古老的酒精饮料之一，早在公元前 6000 年，居住在美索不达米亚平原的苏美尔人就用大麦芽酿制了啤酒。1516 年，巴伐利亚公爵威廉四世发布《德国啤酒纯酒法》，其中规定啤酒只可以啤酒花、麦子、酵母和水作为原料，《德国啤酒纯酒法》是世界上最早的食品法律。20 世纪，俄罗斯技师首次在中国哈尔滨建立了啤酒作坊，中国人喝上了啤酒。英国人和德国人也陆续在中国建了英、德啤酒厂，至此，啤酒被正式引入中国。

一、啤酒的概念

　　啤酒是以麦芽（Malt）、啤酒花（Hop）、香料和药草、水为主要原料，经酵母发酵酿制的酒精饮料，英文表述为 Beer。啤酒富含多种人体必需的氨基酸和维生素，具有很高的营养价值，因此又有"液体面包"的美名。

二、啤酒的酿造过程

　　啤酒的酿造过程如图 3-1 所示。

三、啤酒的种类

　　啤酒按灭菌方法不同可分为熟啤（Pasteurimd Beer）和生啤（Draught Beer），详见表 3-1 所示。

表 3-1　啤酒按灭菌方法不同分类

类　别	概　述
熟啤 Pasteurimd Beer	熟啤是经过了巴氏杀菌的啤酒，酒中的酵母因加温而被杀死，不会继续发酵，稳定性好，保质期可达 90 天以上，而且便于运输，但口感不如鲜啤酒
生啤 Draught Beer	生啤又称为"鲜啤酒"，即没有经过巴氏灭菌法处理的啤酒，因啤酒中保存了一部分营养丰富的鲜啤酒的酵母菌，所以口味鲜美。但常温下不能长时间存放，低温下可保存 7 天左右

微课视频
▼

啤酒基础知识

Note

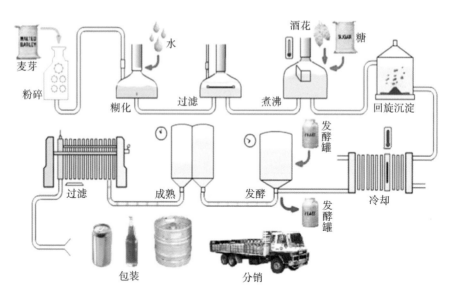

图 3-1　啤酒的酿造过程

四、世界著名的啤酒

世界著名啤酒如表 3-2 所示。

表 3-2　世界著名啤酒品牌

品　　名	产　　地	图　　示	品　　名	产　　地	图　　示
Coors Light 银子弹	USA 美国		Guinness Draught 健力士生啤	Ireland 爱尔兰	
Budweiser Aluminum 百威铝制瓶	USA 美国		Blue Moon Belgian Ale 蓝色的月亮比利时啤酒	USA 美国	
Amstel Light 阿姆斯特淡啤	Holland 荷兰		Smirnoff Ice 斯米洛夫预调酒	USA 美国	

续表

品　名	产　地	图　示	品　名	产　地	图　示
Heineken 喜力	Holland 荷兰		Kirin Light 麒麟淡啤	Japan 日本	
Red Stripe 红条啤酒	Jamaica 牙买加		Corona Extra 科罗娜	Mexico 墨西哥	
Beck's 贝克斯	Germany 德国		Foster's 富仕达	Australia 澳大利亚	
O'Douls Non-Alcoholic 欧杜无酒精啤酒	USA 美国		Bass Ale 巴斯啤酒	England 英国	
Buckler Non-Alcoholic 巴克洛无酒精啤酒	Holland 荷兰		Boddingtons Pub Ale 宝汀顿	England 英国	
Peroni 佩罗尼	Italy 意大利		San Miguel 生力	Philippine 菲力宾	
Pilsner Urquell 皮尔森	Czech Public 捷克		Tiger 虎牌	Singapore 新加坡	

续表

品 名	产 地	图 示	品 名	产 地	图 示
Stella Artois 时代	Belgium 比利时		Carlsberg 嘉士伯	Denmark 丹麦	
Spaten 斯巴登	Germany 德国		Tsingtao 青岛	China 中国	

任务准备

以小组为单位，每组 3—4 人，准备原料和用具，如表 3-3 所示，采用角色扮演的方式营造真实工作情境，以酒吧服务员"我"的身份为客人进行啤酒服务。

表 3-3　啤酒服务所需原料和用具清单

熟啤酒 Pasteurimd Beer	生啤酒 Draught Beer	高脚皮尔森啤酒杯 Classics Stemmed Pilsner Glass	生啤杯 Beer Mug
开瓶器 Opener	咖啡杯底碟 Coffee Plate	托盘 Clean Tray	酒吧服务纸巾 Bar Napkin

一、熟啤酒服务

熟啤酒服务程序,如表 3-4 所示。

表 3-4　熟啤酒服务程序

步骤	项　目	要　　领	图　　示
第一步	准备	从冰杯机中取出高脚皮尔森啤酒杯,凭小票从吧台领取冰镇啤酒,放在托盘上,走到客人座位前,在客人右侧服务	
第二步	上杯	把一张酒吧服务纸巾摆放在客人面前的桌子上,图案正对客人。把啤酒杯放在靠近客人右手边的纸巾上,大声报啤酒的名称,向客人确认品牌并询问是否打开	
第三步	开瓶	两段式开瓶法:开瓶器第一次先打开瓶盖 1/2,让瓶中压力先疏散,也可避免啤酒溢出,再将瓶盖完全打开。若是易拉罐式啤酒,也建议用两段式手法打开拉环	
第四步	倾斜倒酒	将开罐/开瓶后的啤酒顺着冰镇啤酒杯的杯沿倒出,速度放慢,相比将啤酒直接往酒杯中央倒出的动作,这样可以避免啤酒香气迅速扩散	
第五步	垂直倒酒	啤酒商标正对客人,啤酒倒至约七分满时,将杯子扶正继续倒至九分满,这样啤酒泡沫有充裕的时间与空间流出,喝到的口感与闻到的香气绝对与迅速倒出大大不同	

Note

续表

步骤	项　目	要　　领	图　　示
第六步	服务	大声说："尊敬的先生/女士,让您久等了,这是您需要的××啤酒,请慢用!"	
第七步	巡台	随时留意客人的啤酒杯,当啤酒杯的三分之二是空的的时候,主动询问客人是否需要再来一瓶	
第八步	收台	(1) 客人离开后,清理客人桌子上的空酒杯、装饰物、空酒瓶和垃圾等,并将空酒杯放入洗杯机中清洗,装饰物、空酒瓶和垃圾做分类处理。 (2) 对桌面进行清洁并消毒,摆好桌椅,恢复到开吧营业的状态	

二、生啤酒服务

生啤酒的服务程序,如表3-5所示。

表 3-5　生啤酒的服务程序

步骤	项　目	要　　领	图　　示
第一步	冰杯	盛装冰啤酒的杯子一定要先放在冰箱中冷藏,待要倒啤酒时再取出。冰杯是为了使啤酒温度不要上升得太快,以免失去原有的冰凉口感与风味	
第二步	倾斜倒酒	左手握生啤机拉杆,右手拿冰镇生啤杯柄,酒杯倾斜45°,将拉杆一次拉到底后盛装至七分满	

续表

步骤	项 目	要 领	图 示
第三步	垂直倒酒	立即转正生啤杯,再将啤酒补至九分满即可	
第四步	上酒	将符合酒吧出品标准的精酿啤酒,以及服务用酒吧纸巾放在托盘上,走到客人座位前,在客人右侧进行服务	
第五步	服务	把一张酒吧服务纸巾摆放在客人面前的桌子上,图案正对客人。把精酿啤酒放在靠近客人右手边的纸巾上,大声说:"尊敬的先生/女士,让您久等了,这是您需要的啤酒,请慢用!"	
第六步	巡台	随时留意客人的啤酒杯,当你注意到杯子的三分之二是空的的时候,主动询问客人是否需要再来一杯	
第七步	收台	(1) 客人离开后,清理客人桌子上的空酒杯和垃圾等,并将空酒杯放入洗杯机中清洗,纸巾等垃圾做分类处理。 (2) 对桌面进行清洁并消毒,摆好桌椅,恢复到开吧营业的状态	

任务评价

任务评价主要从同学们的仪容仪表、服务程序、学习态度和综合印象四个方面进行,详细内容如表 3-6 所示。

表 3-6 "啤酒服务"工作任务评价表

任务	M测量 J评判	标准名称或描述	权重	评分 示例	组号 ___	组号 ___
仪容 仪表	M	制服干净整洁、熨烫挺括、合身,符合行业标准	2	Y/N		
	M	鞋子干净且符合行业标准	2	Y/N		
	M	男士修面,胡须修理整齐;女士淡妆,身体部位没有可见标记	2	Y/N		
	M	发型符合职业要求	2	Y/N		
	M	不佩戴过于醒目的饰物	1	Y/N		
	M	指甲干净整洁,不涂有色指甲油	1	Y/N		
服务 程序	M	礼貌地迎接、送别客人	5	Y/N		
	M	服务酒品与客人点单一致	5	Y/N		
	M	所有必需用具和材料全部领取正确、可用	5	Y/N		
	M	服务方法正确、技巧熟练	5	Y/N		
	M	服务过程中没有滴洒	5	Y/N		
	M	操作过程注意卫生	5	Y/N		
	M	器具使用完毕后复归原位	5	Y/N		
	M	出品符合服务标准	5	Y/N		
	J	全程没有或较少使用英文	15	4		
		全程大部分使用英文,但不流利		8		
		全程使用英文,较为流利,但专业术语欠缺		12		
		全程使用英文,整体流利,使用专业术语		15		
	J	在服务过程中没有互动,没有解释和服务风格	15	4		
		在服务过程中有一些互动,对酒品有介绍,具有适当的服务风格		8		
		在服务过程中有良好自信,对酒品知识有基本的介绍,有良好的互动,在服务过程中始终如一		12		
		与宾客有极好的互动,对酒品知识有清晰的介绍,清楚讲解酒品原料、产地、酒精度等,展示高水准的服务技巧		15		
学习 态度	J	学习态度有待加强,被动学习,延时完成学习任务	15	5		
		学习态度较好,按时完成学习任务		10		
		学习态度认真,学习方法多样,积极主动		15		

续表

任务	M 测量 J 评判	标准名称或描述	权重	评分 示例	组号 ___	组号 ___
综合 印象	J	在所有任务中状态一般,当发现任务具有挑战性时表现为不良状态	5	1		
		在执行所有任务时保持良好的状态,看起来很专业,但稍显不足		3		
		在执行任务时,始终保持出色的状态,整体表现非常专业		5		

选手用时：

裁判签字：　　　　　　　　　　　　　　　　　　　年　　　月　　　日

啤酒的鉴别与饮用

(一) 啤酒鉴别

1. 泡沫
泡沫是衡量啤酒质量的标准之一,挂杯 4 分钟以上者为佳品。
2. 颜色
清澈透明。
3. 香气
浓郁的酒花香和麦芽清香。
4. 口味
入口纯正清爽、柔和,有愉快的芳香。

(二) 啤酒饮用

(1) 饮用啤酒应该用符合规格要求的啤酒杯。各种古典式或现代流行的啤酒杯如高脚皮尔森啤酒杯 Classics Stemmed Pilsner Glass、手柄杯 Handle Mug 等,都是酒吧必备的专用啤酒杯,如图 3-2 所示。

(2) 啤酒的较佳饮用温度在 4—5 ℃,过冰会造成身体不适。

(3) 啤酒一旦开瓶,要一次喝完,不宜细品慢酌,否则酒在口中升温会加重苦味。

(4) 不要在喝剩啤酒的杯内倒入新开瓶的啤酒,这样会破坏新啤酒的味道,最好的办法是喝完之后再倒。

(5) 啤酒不建议冷冻冰存,瞬间冰冷会影响啤酒的风味,啤酒也不可二次冷藏,退冰后没喝完又冷藏,影响风味,会变苦。

随堂测试
▼

啤酒服务

图 3-2　专用啤酒杯

（6）啤酒泡沫约占啤酒杯的 1/5，泡沫的主要作用是保持啤酒的低温与鲜度，让啤酒的温度不会上升过快，且能保有香气与冰冷的口感。但啤酒泡沫并非越多越好，过多的泡沫会导致饮用时一口饮下满嘴的泡沫，从而遮盖了啤酒原有的香气，影响了原有的口感。

任务二　葡萄酒服务
Wine Service

微课视频
▼

葡萄酒
基础知识

微课视频
▼

Kir Floral
基尔花
调制

 任务导入

　　传说古代有一位波斯国王，爱吃葡萄，曾将葡萄挤压后保存在一个大陶罐里，标着"有毒"，以防人偷吃。数天以后，国王的一个妃子对生活产生了厌倦，擅自饮用了标有"有毒"字样的大陶罐内的汁液，味道非常好，不但没有丧命，反而异常兴奋，这个妃子重新对生活充满了信心。她盛了一杯专门呈献给国王，国王饮后也十分喜欢。自此以后，国王颁布了命令，专门收藏成熟的葡萄，压紧盛在容器内进行发酵，以便得到葡萄酒。

 知识学习

一、了解葡萄酒基础知识

　　根据国际葡萄与葡萄酒组织（International Office of Vine and Wine，简称 OIV）的规定，葡萄酒是破碎或未破碎的新鲜葡萄果实或葡萄汁经完全或部分酒精发酵后得到的饮料，其酒精度不能低于 8.5%vol。在发酵的过程中，葡萄汁内的糖分会转化为二氧化碳和酒精，最终酿成葡萄酒。

　　（一）葡萄酒种类

　　葡萄酒按酒的颜色可以分为红葡萄酒、白葡萄酒、桃红葡萄酒三种，按照含糖量分为干型葡萄酒、半干型葡萄酒、甜型葡萄酒、半甜型葡萄酒，除此之外，葡萄酒还可按照酿造工艺分为静止葡萄酒、起泡酒和酒精强化葡萄酒，详见表 3-7。

表 3-7　葡萄酒的种类

划分标准	类别	概述
颜色	红葡萄酒 Red Wine	红葡萄酒是以红色或紫色葡萄为原料，压榨后，用皮、汁混合发酵而成，将葡萄皮中的色素与丹宁在发酵过程中溶于酒中，因此酒色呈暗红或红色，酒液澄清透明，含糖量较高，酸度适中，口味甘美，微酸带涩
	白葡萄酒 White Wine	白葡萄酒是以皮红汁白的或皮汁皆白的葡萄为原料，将葡萄先压成汁，皮汁分离后，再将汁单独发酵制成。由于葡萄的皮与汁分离，而且色素大部分存在于果皮中，故白葡萄酒色泽淡黄，酒液澄清、透明，含糖量高于红葡萄酒，酸度稍高，口味纯正，甜酸爽口
	桃红葡萄酒 Rose Wine	桃红葡萄酒是介于红葡萄酒和白葡萄酒之间的粉红色的葡萄酒，它是红葡萄压榨挤破后连皮发酵，经过一段时间后酒变成桃红色，然后将酒和皮分离，所以单宁味（涩味）不是很强，果香浓郁
含糖量	干葡萄酒 Dry Wine	含糖量低于每升 4 克，一般尝不出甜味
	半干葡萄酒 Semidry Wine	含糖量为每升 4—12 克，有微微的甜味
	半甜葡萄酒 Semisweet Wine	含糖量为每升 12 克以上至 50 克，有明显的甜味
	甜葡萄酒 Sweet Wine	含糖量在每升 50 克以上，有浓厚的甜味
酿造工艺	静止葡萄酒 Still Wines	静止葡萄酒通常指的是在 20 ℃时，二氧化碳压力小于 0.05 MPa 的葡萄酒，这种葡萄酒几乎不含二氧化碳，是市面上最常见的一种葡萄酒
	起泡酒 Sparkling Wines	起泡酒和静止酒相对，通常指的是在 20 ℃时，二氧化碳压力大于或等于 0.05 MPa 的葡萄酒，香槟（Champagne）就是最典型的代表
	酒精强化葡萄酒 Fortified Wine	发酵时加入酒精中止发酵，从而保留糖分的葡萄酒，这类葡萄酒的代表有波特酒（Porto）、雪莉酒（Sherry）

（二）认识酿酒葡萄品种

全世界有超过 8000 种可以酿酒的葡萄品种，但可以酿制上好葡萄酒的葡萄品种只有 50 种左右，可以分为白葡萄和红葡萄两大类。

1. 白葡萄品种

白葡萄品种如表 3-8 所示。

表 3-8　白葡萄品种

名　称	特　征	图　片
霞多丽 Chardonnay	寒冷气候下具有较高酸度和柑橘类果香甚至花香；温和气候条件下具有梨、苹果、桃、无花果等香气；炎热气候条件下有热带水果香气	
长相思 Sauvignon Blanc	在全世界都有广泛种植，近年来以新西兰出产的最为著名。用该葡萄酿造的干白一般以药草或青草香，以及热情果等香气为主旋律，酸度较高、清新爽口	
雷司令 Riesling	雷司令的主要产区是德国、阿尔萨斯，年轻的雷司令香气精巧，带有柠檬、柚子和小白花的香气，口感酸度较高；老熟的雷司令则会带有特殊的汽油的味道，这种味道是某些品酒师判断雷司令是否老熟的依据	
莫斯卡托 Moscato	莫斯卡托应该算皮埃蒙特（Piemonte）最著名的白葡萄品种了，是阿斯蒂莫斯卡托（Moscato d'Asti）DOCG 和阿斯蒂起泡酒（Asti）DOCG 的主要原料，可以酿造成口感甘甜，香气芬芳的起泡酒和微泡酒，酒中带有明显的花香和葡萄皮的香气，通常酒精度较低	

2. 红葡萄品种

红葡萄品种如表 3-9 所示。

表 3-9　红葡萄品种

名　称	特　征	图　片
赤霞珠 Cabernet Sauvignon	赤霞珠成熟较晚,并且需要在橡木桶中或酒瓶中进行陈年,与梅洛葡萄混合则口味最佳。其口味有青辣椒味、薄荷味、黑巧克力味、烟草味、橄榄味	
美乐 Merlot	美乐酿制的葡萄酒更为柔和,果汁味浓,较为早熟。口味特征:李子和玫瑰的味道浓,有水果蛋糕味,薄荷味较淡	
西拉 Syrah/Shira	欧亚种,原产法国;果粒圆形,紫黑色,着色好;通常带梗发酵,葡萄酒质量极佳,呈深红宝石色,香气浓郁,有堇菜、樱桃、覆盆子的香气	

续表

名　称	特　征	图　片
黑比诺 Pinot Noir	黑比诺是公认的较难栽植的葡萄品种，其果粒虽成熟较早，但脆弱、皮薄、易腐烂。口味有木莓、草莓、樱桃、紫罗兰、玫瑰等香味	

二、法国葡萄酒

法国的葡萄酒品质和种类居世界之冠，有"葡萄酒王国"之誉。

（一）法国葡萄酒等级分类

在法国，为了保证产地葡萄酒的优良品质，产品必须经过严格的审查方能冠以原产地的名称，这就是原产地名称监制法，简称 A.O.C 法。根据 A.O.C 法，法国葡萄酒等级分类如表 3-10 所示。

表 3-10　法国葡萄酒的等级分类

分类等级	概　述	酒　标
日常餐酒 Vin de Table	日常餐酒 Vin de Table 可以由不同地区的葡萄汁勾兑而成，不得用欧共体外国家的葡萄汁，产量约占法国葡萄酒总产量的 38%，酒瓶标签标示为 Vin de Table	FONT-DU-ROY Vin de Table de France
地区餐酒 Vin de Pays	地区餐酒 Vin de Pays 的产地必须与标签上所标示的特定产区一致，而且要使用被认可的葡萄品种。最后，还要通过专门的法国品酒委员会核准。酒瓶标签标示为 Vin de Pays＋产区名	Vin de Pays de l'Hérault

续表

分类等级	概　述	酒　标
优良地区餐酒 V. D. Q. S	优良地区餐酒 V. D. Q. S 是普通地区餐酒向 A. O. C 级别过渡所必须经历的级别。如果在 V. D. Q. S 时期酒质表现良好,则会升级为 A. O. C,产量只占法国葡萄酒总产量的 2%,酒瓶标签标示为 Vin Delimite de Qualité Supérieure	
法定地区葡萄酒 A. O. C	法定地区葡萄酒 A. O. C 的葡萄品种、种植数量、酿造过程、酒精含量等都要得到专家认证,只能用原产地种植的葡萄酿制,绝对不可和别的葡萄汁勾兑,A. O. C 产量大约占法国葡萄酒总产量的 35%,酒瓶标签标示为 Appellation ＋ 产区名 Controlée	

(二) 法国葡萄酒产区及名品

1. 波尔多产区

波尔多(Bordeaux)位于法国西南部,是世界公认的最负盛名的葡萄酒产区。波尔多西临大西洋,有吉伦特河流过,夏季炎热,冬日温和。土壤形态多,砂砾、石灰石和黏土的土质非常适合葡萄的生长。波尔多地区习惯称葡萄园为 Chateau,简称 Ch.,波尔多五大葡萄酒子产区及名品详见表 3-11 所示。

表 3-11　波尔多五大子产区及名品

子产区	概　况	名　品	图　示
梅多克 Médoc	梅多克有六个村庄级法定产酒区:波亚克(Pauillac)、玛歌(Margaux)、圣爱斯泰夫(Saint-Estephe)、圣于连(Saint-Julien)、利斯特拉克-梅多克(Listrac-Médoc)和慕里斯(Moulis)。18 世纪以来,梅多克一直是波尔多地区最显赫最尊贵的葡萄酒产区	拉菲酒 Chateau Lafite Rothschild 拉图酒 Chateau Latour 玛歌酒 Chateau Margaux 木桐酒 Mouton	

续表

子产区	概　况	名　品	图　示
格拉芙 Graves	格拉芙位于吉伦特河的南岸,受恶劣天气的影响小,酒的总体质量很高。这里出产的红酒因为美乐 Merlot 葡萄的比例很大,较之梅多克产区更为柔顺。著名的五大酒庄之一奥·伯里翁堡 Chateau Haut Brion 就在格拉芙 Graves 下面的佩萨克雷奥 Pessac Leognan	奥·伯里翁堡 Chateau Haut-Brion	
苏玳 Sauternes	Sauternes 是波尔多贵腐甜酒的"黄金产区",位于波尔多市南方 20 多公里外的 Garonne 河左岸,在秋天的采收季,这一带常常弥漫着浓厚的晨雾,让附近的葡萄园很容易滋长贵腐霉。多雾天气后常是阳光普照,可以适时地抑制霉菌的生长速度,避免其转变成为有害的灰霉菌	滴金酒 Château d'Yquem	
圣埃米伦 Saint Emilion	圣埃米伦以盛产波尔多红葡萄酒而知名,圣埃米伦的酒丰满、醇厚,呈美丽的红紫色。陈年后有白胡椒、红果酱、香料及咖啡的香味,口感非常柔顺	白马庄 Chateau Cheval Blanc 欧颂庄 Chateau Ausone	
宝物隆 Pomerol	Pomerol 是波尔多最小的一个产区,土壤深层为黏土,铁含量较高,酒里面普遍有一种矿物质的味道。宝物隆区葡萄酒的主力是美乐葡萄。世界上三种较贵的红酒,这里就有两种,分别是 Chateau Petrus 和 Le Pin	柏翠酒 Chateau Petrus 里鹏 Le Pin	

2. 勃艮第产区

　　勃艮第(Burgundy)产区位于法国东北部,与波尔多产区的调配葡萄酒不同,勃艮第产区的葡萄酒以单一品种葡萄为主。勃艮第的法定葡萄品种有黑比诺(Pinot Noir)、佳美(Gamay)两种红葡萄品种,白葡萄品种则有霞多丽(Chardonnay)。勃艮第五大子产区及名品详见表 3-12 所示。

表 3-12　勃艮第五大子产区及名品

子产区	概　　况	名　品	图　示
博若莱 Beaujolais	博若莱位于法国东部,在里昂北侧,产区北部与勃艮第(Burgundy)相交,产区南部与罗讷河谷(Rhone Valley)相邻。因博若莱新酒(Beaujolais Nouveau)而声名远扬	博若莱新酒 Beaujolais Nouveau	
金丘 Cote d'Or	金丘是勃艮第的黄金葡萄酒产区,总共由两个法定葡萄酒产区构成,北部为夜丘(Cote de Nuits),南部为伯恩丘(Cote de Beaune)。夜丘以生产黑比诺红葡萄酒而声名远扬;伯恩丘则以生产霞多丽白葡萄酒而载入史册	拉·罗曼尼·康帝 La Romanée-Conti	
夏布利 Chablis	位于勃艮第产区北部,在欧塞尔(Auxerre)市附近,距巴黎南部180公里,受大西洋的影响,土壤成分包括黏质石灰岩、泥灰和化石。夏布利出产果香突出的干白葡萄酒。一级酒庄Premier Cru葡萄酒为3至7年,特级酒庄Grand Cru葡萄酒为5至12年	木桐酒 Mouton 禾玛瓦慕酒 Valmur	
夏隆内丘 Cote Chalonnaise	夏隆内丘产区内没有特级园,不过在5个主要产酒村中,4个村庄都有一级园。这5个酒村从北到南分别是布哲隆 Bouzeron、吕利 Rully、梅谷黑 Mercurey、基辅依 Givry、蒙达涅 Montagny	布哲隆 Bouzeron、吕利 Rully、梅谷黑 Mercurey、基辅依 Givry、蒙达涅 Montagny	
马贡 Maconnais	马贡拥有5个 A.O.C 法定产区,分别是普伊-富赛(Pouilly-Fuisse)、普伊-凡列尔(Pouilly-Vinzelles)、普伊-楼榭(Pouilly-Loche)、圣韦朗(Saint-Verand)和维尔-克莱赛(Vire-Clesse)。其中,普伊-富赛最为著名,该产区酿制的白葡萄酒酒体丰满紧实,口感浓厚,并带有特殊的香气,一度风靡美国	普伊-富赛 Pouilly-Fuisse	

三、香槟 Champagne

香槟是产自法国香槟地区，按照严格的法律规定酿造的一种起泡葡萄酒。香槟产区位于法国巴黎的东北部，是法国最北的一个葡萄酒产区，气候寒冷。但寒冷的天气却赋予了香槟酒别样的清新之感。典型的白垩土壤也贡献良多，可以很好地保留水分，同时白色还会有反光的效果，能够提高葡萄的成熟度。香槟产区五大子产区及名品详见表 3-13 所示。

表 3-13　香槟产区五大子产区及名品

子产区	概　况	名　品	图　示
马恩河谷 Vallee de la Marne	马恩河谷是香槟地区最大的葡萄酒产区。产区内葡萄园沿河流分布，大部分都坐落在河流右岸朝南或者东南方向的山坡上，给葡萄藤带来了足够的光照，因此出产的葡萄能拥有不错的成熟度。马恩河谷产区内最主要种植的葡萄品种为莫尼耶比诺，用此单一品种酿造的葡萄酒果香浓郁、清新易饮	堡林爵 Bollinger 哥塞 Gosset 阿雅拉 Ayala	
兰斯山脉 Montagne de Reims	兰斯山脉产区位于香槟产区的北部，葡萄园大多位于朝东或东南方向的山坡上，这里气温较低，葡萄成熟缓慢，因而能够很好地保留酸度，这是酿制起泡酒的关键因素之一。兰斯山脉是香槟产区中拥有特级园最多的一个产区，香槟产区的 17 个特级园中就有 10 个坐落在这里	玛姆 Mumm 巴黎之花 Perrier-Jouët 酩悦 Moët&Chandon 路易王妃 Louis Roederer	
白丘 Cote de Blancs	白丘产区内多为朝向东面的山坡，且山坡最高处有大片的森林，既能帮助葡萄园防风挡雨，又提高了土壤的排水性，因此十分适合种植霞多丽。白丘产区出产的霞多丽酸度较高，且富有矿物质风味，常被用来酿制年份 Vintage 香槟或顶级特酿 Prestige Cuvee 香槟	彼特斯 Pierre-Peters 兰瑟洛 Lancelot-Pienne 瑟洛斯 Jacques Selosse 库克香槟 Champagne Krug 沙龙香槟 Champagne Salon	

续表

子产区	概况	名品	图示
塞扎纳丘 Cote de Sezanne	塞扎纳丘的葡萄园和白丘一样，大多建在朝向东面的山坡上，土壤以石灰土和泥土为主。这里主要的葡萄品种也是霞多丽，但其酸度会相对低一些，而香气会浓郁一些	芭兰美颂香槟 Champagne Barrat Masson 杰克科碧莱香槟 Champange Jacques Copinet	
巴尔山坡 Côte des Bars	巴尔山坡产区比香槟的其他子产区更为温暖，再加上其土壤以泥灰石为主，黑比诺成了这里主要的葡萄品种。葡萄园多位于朝南的山坡上，酿造出的葡萄酒大多口感丰富、果香馥郁	雅克拉萨涅香槟 Champagne Jacques Lassaigne 芙乐莉香槟 Champagne Fleury	

四、加强型葡萄酒 Dessert Wine

加强型葡萄酒又称甜食酒，是佐餐甜点时饮用的一种葡萄酒，通常以葡萄酒为酒基，加入食用酒精或白兰地以增加酒精度，故又称为加强型葡萄酒，其口感较甜。常见的加强型葡萄酒有雪莉酒（Sherry）、波特酒（Porto）。

（一）雪莉酒 Sherry

雪莉酒是一种加强型葡萄酒，产自西班牙的赫雷斯镇 Jerez，在西班牙本地也叫赫雷斯酒 Jerez。雪莉酒名品详见表 3-14 所示。

知识拓展4

雪莉酒
名品概述
和分类

表 3-14 雪莉酒名品

潘马丁 Pemartin	布里斯托尔 Bristol	缇欧佩佩 Tio Pepe

（二）波特酒 Porto

波特酒，素有"葡萄牙国酒"之称，是一种在酿制过程中，待葡萄发酵至糖分约为 10％时，通过添加白兰地终止其发酵而获得酒精度为 16％vol—22％vol 的、有甜味的加强型葡萄酒。波特酒由于实施原产地命名保护制度，所以只有产自葡萄牙波尔图 Porto 的波特酒才可冠以"波特"的名号。波特酒名品详见表 3-15 所示。

表 3-15　波特酒名品

| 克罗夫特 Croft | 泰勒 Taylor's | 格兰姆 Graham's | 桑德曼 Sandeman | 道斯 Dow's |

五、葡萄酒饮用温度

温度对葡萄酒影响最大的在于其香气与风味及口感，葡萄酒在最适合饮用的温度下饮用，能让客人得到更好的饮酒体验，在最大可能释放出葡萄酒的香气的同时，又不影响其风味和口感。葡萄酒最佳饮用温度详见表 3-16。

表 3-16　葡萄酒最佳饮用温度

酒　品	风　格	最佳饮用温度
白葡萄酒或 桃红葡萄酒	饱满或复杂的干白	轻微冰镇　12—16 ℃
	清爽的干白	充分冰镇　5—10 ℃
	桃红葡萄酒	轻微冰镇　6—10 ℃
红葡萄酒	饱满酒体高单宁	酒柜温度　15—18 ℃
	中等酒体	酒柜温度　12—15 ℃
	柔顺清淡	酒柜温度　10—12 ℃
香槟或起泡酒	普通	充分冰镇　4—7 ℃
	年份	轻微冰镇　10—16 ℃
雪莉酒	干型雪莉酒	充分冰镇　5—7 ℃
	天然甜型雪莉酒	酒柜温度　12—14 ℃
	混酿雪莉酒	轻微冰镇　7—12 ℃
波特酒	白波特、红宝石波特、茶色波特、 年份波特、迟装瓶年份波特酒	酒柜温度　15—20 ℃

任务准备

　　以小组为单位,每组 3—4 人,准备的原料和工具如表 3-17 所示,采用角色扮演的方式,营造真实工作情境,以酒吧服务员"我"的身份进行葡萄酒服务。

表 3-17　葡萄酒服务所需原料和用具清单

红葡萄酒 Red Wine	白葡萄酒 White Wine	香槟或气泡酒 Champagne Or Sparkling Wine	雪莉酒 Sherry
波特酒 Porto	红葡萄酒杯 Red Wine Glass	白葡萄酒杯 White Wine Glass	笛形香槟杯 Champagne Flute
雪莉酒杯 Sherry Glass	波特酒杯 Porto Glass	量酒器 Jigger	冰块 Ice Cubes
酒吧服务纸巾 Bar Napkin	托盘 Clean Tray	开瓶器 Opener	咖啡杯底碟 Coffee Plate
冰桶 Ice Bucket	擦杯布 Linen Glass Cloth		

一、红葡萄酒服务

红葡萄酒服务程序，如表 3-18 所示。

表 3-18　红葡萄酒服务程序

步骤	项　目	要　领	图　示
第一步	准备	根据客人数量取出红葡萄酒杯，凭小票从吧台领取红葡萄酒，放在托盘上，走到客人座位前，在客人右侧服务	
第二步	上杯	把酒吧服务纸巾分别摆放在每位客人面前的桌子上，图案正对客人。把红酒杯放在靠近客人右手边的纸巾上，大声报出红葡萄酒的名称，向客人确认品牌并询问是否打开	
第三步	开瓶	用开瓶器小锯齿刀切开酒瓶的胶帽；螺旋杆斜尖插入瓶塞中心，螺旋钻旋入软木塞；卡住瓶口，运用杠杆原理，用两极翘起木塞，拉出木塞	
第四步	试酒	开瓶后，倒约一小口分量的红酒入主人的酒杯。请主人试酒，如结果满意，可以继续倒酒；如不满意，可请品酒师喝一点进行证实，如果酒确实有问题，收回并更换	

续表

步骤	项　目	要　　领	图　示
第五步	倒酒	一只手托住瓶底,一只手把住瓶身,瓶口置于杯口上方2厘米处,用手腕力,倾斜倒出红酒,倒至杯的1/3左右即可,倒完之后,旋转瓶底,迅速收瓶,防止滴酒	
第六步	服务	大声道:"尊敬的先生/女士,让您久等了,这是您需要的红葡萄酒,请慢用!"剩余的红葡萄酒瓶上的商标正对客人,摆放在另一张服务纸巾上	
第七步	巡台	随时留意客人杯中的葡萄酒杯,当注意到客人的杯子是空的的时候,主动为其添加,并询问客人是否需要再来一瓶	
第八步	收台	(1) 客人离开后,清理客人桌子上的空酒杯、空酒瓶和垃圾等,并将空酒杯放入洗杯机中清洗,空酒瓶和垃圾做分类处理。 　　(2) 对桌面进行清洁并消毒,摆好桌椅,恢复到开吧营业的状态	

二、白葡萄酒服务

白葡萄酒服务程序,如表 3-19 所示。

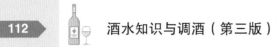

表 3-19　白葡萄酒服务程序

步骤	项　目	要　领	图　示
第一步	准备	（1）根据客人的数量取出白葡萄酒杯放在托盘上。 （2）凭小票从吧台领取冰镇白葡萄酒,酒标朝前斜放入冰桶中,冰桶中加满冰块和 1/2 桶水。 （3）左手托盘,右手提放入酒的冰桶,走到客人座位前,把冰桶和酒杯等分别放在桌上	
第二步	示酒	左手从冰桶中取出冰镇白葡萄酒,右手拿起长条状的擦杯布托起酒瓶,酒标正对客人示酒,大声报出白葡萄酒的名字,向客人确认品牌并询问是否打开	
第三步 & 第四步	开瓶 & 试酒	方法同红葡萄酒	
第五步	倒酒	右手用手指握住瓶底,瓶口置于杯口上方 2 厘米处,倾斜倒出白葡萄酒,倒至杯的 1/2 即可,倒完之后,旋转瓶底,迅速收瓶,防止滴酒	
第六步	服务	大声道:"尊敬的先生/女士,让您久等了,这是您需要的白葡萄酒,请慢用!"剩余的白葡萄酒放回冰桶	

续表

步骤	项 目	要 领	图 示
第七步	巡台	随时留意客人的葡萄酒杯,当注意到客人的杯子是空的的时候,主动为其添加,并询问客人是否需要再来一瓶	
第八步	收台	(1)客人离开后,清理客人桌子上的空酒杯、空酒瓶、冰桶和垃圾等,并将空酒杯、冰桶放入洗杯机中清洗,空酒瓶和垃圾做分类处理。 (2)对桌面进行清洁并消毒,摆好桌椅,恢复到开吧营业的状态	

三、香槟或气泡酒服务

香槟或气泡酒服务程序,如表 3-20 所示。

表 3-20 香槟或气泡酒服务程序

步骤	项 目	要 领	图 示
第一步	准备	(1)根据客人数量取出相应数量的笛形香槟杯放在托盘上。 (2)凭小票从吧台领取冰镇香槟或气泡酒,酒标朝前斜放入冰桶中,冰桶中加满冰块和 1/2 桶水。 (3)左手托盘,右手提冰桶,走到客人座位前,把冰桶和笛形香槟杯等放在桌上	
第二步	示酒	左手从冰桶中取出香槟或气泡酒,右手拿起长条状的擦杯布托起酒瓶,酒标正对客人示酒,大声报出香槟或气泡酒的名字,向客人确认品牌并询问是否打开	

续表

步骤	项目	要领	图示
第三步	开瓶	（1）用开瓶器将香槟或气泡酒瓶口的锡箔去掉。 （2）将瓶口朝向无人的方向后再开瓶，找出铁圈呈圆形的部分，松开铁圈的圆形口。 （3）右手握住酒瓶并旋转，酒瓶内的气压会将软木塞慢慢往上推。 （4）扭转瓶子，直到软木塞发出轻轻的"扑通"一声	
第四步	试酒	方法同红葡萄酒	
第五步	倒酒	右手用手指握住酒瓶中部或底部，左手拿香槟杯，杯身倾斜 30°，杯口贴紧瓶口，缓缓倒少许酒液入杯中。此时，气泡急剧涌出，立即形成厚实的慕斯气泡，稍停片刻，等待慕斯液面略微下降，接着继续倒酒，并让酒液沿着杯壁缓缓流下，香槟倒至七分满即可	
第六步	服务	大声道："尊敬的先生/女士，让您久等了，这是您需要的香槟/气泡酒，请慢用！"将剩余的香槟/气泡酒放回冰桶	
第七步	巡台	随时留意客人的香槟杯，当注意到客人的杯子是空的的时候，主动为其添加，并询问客人是否需要再来一瓶	

续表

步骤	项　目	要　领	图　示
第八步	收台	（1）客人离开后,清理客人桌子上的空酒杯、空酒瓶、冰桶和垃圾等,并将空酒杯、冰桶放入洗杯机中清洗,空酒瓶和垃圾做分类处理。 （2）对桌面进行清洁并消毒,摆好桌椅,恢复到开吧营业的状态	

四、加强型葡萄酒服务

加强型葡萄酒服务程序,如表 3-21 所示。

表 3-21　酒精强化葡萄酒服务程序

步骤	项　目	要　领	图　示
第一步	擦杯	左手持擦杯布一端,手心朝上;右手取杯,杯底部放入左手手心,握住;右手将擦杯布的另一端绕起,放入杯中;右手大拇指插入杯中,其他四指握住杯子外部,左右手交替转动并擦拭杯子	
第二步	倒酒	将雪莉酒杯和波特酒杯置于吧台上,根据客人订单,用量酒器将标准分量 3 盎司的雪莉酒和波特酒倒入对应的杯中	
第三步	准备	酒水准备完毕后,放在托盘上,走到客人座位前,在客人右侧服务	

续表

步 骤	项 目	要 领	图 示
第四步	服务	把两张酒吧服务纸巾摆放在客人面前的桌子上，图案正对客人。把雪莉酒杯和波特酒杯放在客人右手边的纸巾上，并大声报出葡萄酒的名字："尊敬的先生/女士，让您久等了，这是您需要的雪莉酒/波特酒，请慢用！"	
第五步	巡台	随时留意客人的酒杯，当注意到客人的杯子空了的时候，主动询问客人是否需要再来一杯	
第六步	收台	（1）客人离开后，清理客人桌子上的空酒杯和垃圾等，将空酒杯放入洗杯机中清洗，垃圾做分类处理。 （2）对桌面进行清洁和消毒，摆好桌椅，恢复到开吧营业的状态	

任务评价

任务评价和啤酒服务相同，主要从同学们的仪容仪表、服务程序、学习态度和综合印象四个方面进行评价，详见表 3-4 和表 3-5 熟啤酒和生啤酒服务工作任务评价。

任务拓展

葡萄酒品鉴与评价

葡萄酒品鉴是指用具体的语言和指标来对葡萄酒进行描述，而并非简单地饮用。葡萄酒品鉴步骤与评价方法如下：

（一）第一步：看

看葡萄酒的颜色，从葡萄酒的颜色和浓郁程度可以大致看出葡萄酒的年份、所用葡萄的品种、酒精度和含糖量等，如图 3-3 所示。

微课视频

葡萄酒
品鉴技巧

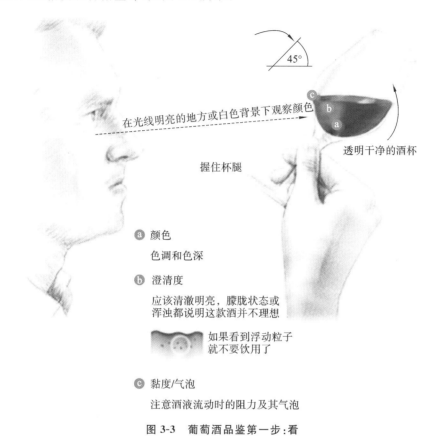

45°

在光线明亮的地方或白色背景下观察颜色

透明干净的酒杯

握住杯腿

ⓐ 颜色
色调和色深

ⓑ 澄清度
应该清澈明亮，朦胧状态或浑浊都说明这款酒并不理想

如果看到浮动粒子就不要饮用了

ⓒ 黏度/气泡
注意酒液流动时的阻力及其气泡

图 3-3 葡萄酒品鉴第一步：看

（1）年份。葡萄酒陈年的时间不同，颜色也不同，红葡萄酒越老，颜色越浅；白葡萄酒则相反。

（2）品种。从葡萄酒的颜色和边缘，可以猜测葡萄的品种。梅洛 Merlot 会让葡萄酒的边缘呈现出橙色。马尔贝克 Malbec 通常会让葡萄酒的边缘呈现洋红色。来自寒冷地区的西拉 Syrah 会让葡萄酒的边缘呈现蓝色。

（3）酒精度和含糖量。"酒泪"是摇杯后，葡萄酒出现的一种物理现象，它又被称为"挂杯"。通常，酒精度高和含糖量高的葡萄酒"酒泪"更多、更密、更粗、更长且更持久。

（二）第二步：闻

静置闻香，如图 3-4 所示。

葡萄酒的香气通常可以"泄露"一款葡萄酒的品质、品种、是否橡木桶陈年、产区和年龄等秘密。葡萄酒的香气分为三大类：

一类香气主要是指葡萄酒的果香。例如，赤霞珠有明显的黑醋栗味，黑比诺有经典的草莓味，琼瑶浆有荔枝味等。

Note

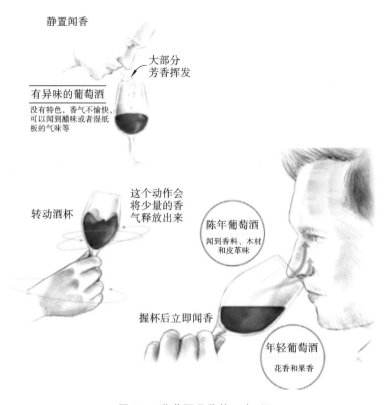

静置闻香

大部分
芳香挥发

有异味的葡萄酒
没有特色，香气不愉快，
可以闻到醋味或者湿纸
板的气味等

转动酒杯

这个动作会
将少量的香
气释放出来

陈年葡萄酒
闻到香料、木材
和皮革味

握杯后立即闻香

年轻葡萄酒
花香和果香

图 3-4　葡萄酒品鉴第二步：闻

二类香气来自发酵过程，酵母在把糖转化为酒精的过程中，会产生很多香味物质。

三类香气指葡萄酒装瓶陈年后缓慢形成的陈年香气，白葡萄酒可以显现出烘焙、烟熏、蜂蜜、饼干、太妃糖、坚果等物品的气味；陈年的红葡萄酒的表现则更多样，有皮革、烟叶、秋叶、巧克力、咖啡、菌类，甚至意大利腊肠等的气味。

（三）第三步：尝

品尝葡萄酒，如图 3-5 所示。

（1）甜度：舌尖最能感受到残余糖分的存在，酸度往往会掩盖甜度，酸度高的葡萄酒尝起来不会那么甜。

（2）酸度：酸度在整款葡萄酒中都起着至关重要的作用。酸度高的葡萄酒酒体更加轻盈，所以也可以用酸度来判读葡萄酒是产自冷气候产区还是暖气候产区。

（3）单宁：单宁与葡萄的风格、是否橡木桶陈年及陈年时间有关。单宁来自两个地方：葡萄和橡木桶，来自橡木桶的单宁尝起来更加顺滑柔顺，而来自葡萄本身的单宁尝起来更粗糙和青涩。

（4）酒精度：酒精度通常可以反映一款葡萄酒的浓郁程度以及酿酒葡萄的成熟度。葡萄酒的酒精度一般在 5％vol—16％vol，加强型葡萄酒一般为 17％vol—21％vol。

（5）酒体：酒体是指葡萄酒给口腔带来的一种或轻或重的感觉。葡萄酒的酒体取决于酒精度、残留糖分、可溶性风味物质以及酸度，前三种的含量越高，葡萄酒的酒体就越重；酸度越高，葡萄酒的酒体就会越轻。

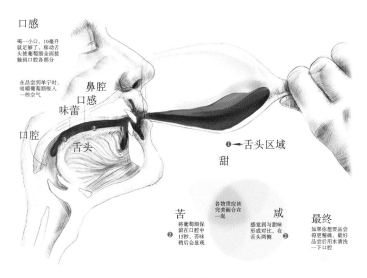

口感

喝一小口,10毫升就足够了。移动舌头使葡萄酒全面接触到口腔各部分

在品尝到单宁时,咀嚼葡萄酒吸入一些空气

鼻腔
口感
味蕾

口腔

舌头

❶→舌头区域

甜

各物质应该完美融合在一起

苦
将葡萄酒保留在口腔中15秒,苦味稍后会显现
❷

咸
感觉到与甜味形成对比,在舌头两侧
❷

最终
如果你想要品尝得更精确,最好品尝后用水清洗一下口腔

图 3-5 葡萄酒品鉴第三步:尝

(6)余味:余味一方面是指葡萄酒饮下后,口腔中保留的风味,通常可以使用胡椒味的、矿物质味的、甜润的、苦涩的、辛辣的、粗糙的和浓郁的等来形容;另一方面是风味持续时间的长短。

(四)第四步:总结评价

通过以上看、闻、尝,对葡萄酒的品质、平衡性、陈年潜力、品种特性、产区和价格做出总结评价。

任务三 白兰地服务
Brandy Service

 任务导入

16世纪时,法国开伦脱(Charente)河沿岸的码头上有很多法国和荷兰的葡萄酒商人,法国与荷兰之间的葡萄酒贸易很兴旺,这种贸易都是通过船只航运来实现的。当时该地区经常发生战争,故而葡萄酒的贸易常因航行中断而受阻,由于运输时间的延迟,葡萄酒变质使商人经济利益受损是常有的事;此外,葡萄酒整箱装运占去的空间较大,费用昂贵,成本增加。这时,有一位聪明的荷兰商人,采用蒸馏的方式将其浓缩成为"会燃烧的酒",然后把这种酒用木桶装运到荷兰去,再兑水稀释以降低酒精度出售,这样酒就不会变质,成本也降低了。但是他没有想到,那不兑水的蒸馏酒更甘甜可口。然而,桶装酒同样也会因遭遇战争而停航,停航的时间有时会很长。但是人们惊喜地发现,桶装的葡萄蒸馏酒并未因运输时间长而变质,

随堂测试
▼

葡萄酒服务

微课视频
▼

白兰地基础知识

Note

而是由于在橡木桶中贮存日久，酒色从原来的透明无色变成了美丽的琥珀色，而且香气芬芳，味道醇和。由此，大家从实践中得出一个结论：葡萄发酵后经蒸馏而得到的高酒精度烈酒一定要在橡木桶中贮藏一段时间，这样才会提高酒质，增加风味，让人喜爱。这就是白兰地的故事。

一、白兰地概述

白兰地属于烈酒，通常我们所称的"白兰地"专指以葡萄为原料，经发酵、蒸馏、陈酿等工艺所制成的烈酒。从广义上讲，白兰地所采用的原料并不局限于葡萄，可以是任何水果，这些水果经发酵、蒸馏、陈酿后制成白兰地。

二、白兰地分类

白兰地种类非常多，最具代表性的两种白兰地为干邑（Cognac）和雅文邑（Armagnac），详见表 3-22 所示。

表 3-22　白兰地分类

类　别	概　述	常见品牌
干邑 Cognac	干邑通常带有非常显著的果香和花香，酒体从轻盈到适中不等，口感饱满、圆润，入口后有极浓的蜂蜜味和甜橙味，橡木味明显，回味绵长，尽显顺滑与果香的完美契合	人头马 Remy Martin 马爹利 Martell 轩尼诗 Hennessy 柯罗维锡 Courvoisier
雅文邑 Armagnac	雅文邑通常带有果脯的味道，如李子、葡萄干、无花果，酒体适中至偏重，经橡木桶熟化后，带有香草、椰子、烤面包、坚果、甜香料的风味	卡斯塔浓 Castagnon 夏博 Chabot 珍妮 Janneau 桑卜 Sempe

（一）干邑（Cognac）

公元 1909 年，法国政府颁布酒法明文规定，只有在夏朗德省境内干邑镇周围的 36

个县市所生产的白兰地才可命名为干邑（Cognac），除此以外的任何地区都不能用Cognac 来命名，这一规定以法律条文的形式确立了干邑的地位。正如英语里的一句话，All Cognac is brandy，but not all brandy is Cognac。

干邑白兰地的级别划分见表 3-23 所示。

表 3-23　干邑白兰地的级别及特点

级　　　别	特　　　点
低档干邑 V. S Very Superior	低档干邑又叫三星白兰地，属于普通型干邑。法国政府规定，干邑地区生产的最年轻的白兰地需要在橡木桶中陈酿 18 个月
中档干邑 V. S. O. P Very Superior Old Pale	属于中档干邑，能用这种标志的干邑至少需要在橡木桶中陈酿四年半
精品干邑 Luxury Cognac	在法国，多数大作坊都生产质量卓越的白兰地，这些名品有其特别的名称，如：Napoleon 拿破仑、Cordon Blue 蓝带、XO（Extra Old 特陈）、Extra 极品，等等。依据法国政府的规定此类干邑原酒必须在橡木桶中陈酿六年半以上，才能装瓶销售

（二）雅文邑（Armagnac）

雅文邑位于干邑南部，以产深色白兰地驰名，风格与干邑很接近。干邑与雅文邑最主要的区别在蒸馏的程序上，干邑初次蒸馏和第二次蒸馏是连续进行的，而雅文邑则是分开进行的。雅文邑同样是受法国法律保护的白兰地品种，只有雅文邑产的白兰地才能在商标上冠以 Armagnac 字样。

三、白兰地的饮用

白兰地的饮用方式一般为纯饮（Straight Up）或加冰（On the Rocks），服务时使用白兰地杯（Brandy Snifter）（见图 3-6），每杯标准分量为 45 毫升（见图 3-7），喝酒时手心要与酒杯接触（见图 3-8），这样易于白兰地的酒香发散，同时还要摇晃酒杯以扩大酒与空气的接触面，使酒更加芳香。

图 3-6　白兰地杯　　　图 3-7　标准分量 45 毫升　　　图 3-8　握法

四、白兰地名品

（一）干邑白兰地名品

干邑白兰地名品如表 3-24 所示。

表 3-24　干邑白兰地名品

人头马路易十三 Remy Martin Louis VIII	人头马 XO Remy Martin XO	人头马俱乐部 Remy Martin Club	人头马 XOE Remy Martin XOE
人头马 VSOP Remy Martin VSOP	金王马爹利 L'or de Martell	马爹利 XO Martell XO	马爹利蓝带 Martell Cordon Bleu
名仕马爹利 Martell Noblige	金牌马爹利 Martell VSOP	轩尼诗·李察 Richard Hennessy	轩尼诗百乐廷 Hennessy Paradis
轩尼诗 XO Hennessy XO	轩尼诗 VSOP Hennessy VSOP	柯罗维锡拿破仑 Courvoisier Napoleon	柯罗维锡 XO Courvoisier XO

（二）雅文邑白兰地名品

雅文邑白兰地名品如表 3-25 所示。

表 3-25　雅文邑白兰地名品

卡斯塔浓 Castagnon	夏博 Chabot	珍妮 Janneau	桑卜 Sempe

任务准备

以小组为单位，每组 3—4 人，准备的原料和用具，如表 3-26 所示，采用角色扮演的方式，营造真实的工作情境，以酒吧服务员"我"的身份为客人进行白兰地加冰（On the Rocks）服务。

表 3-26　白兰地加冰服务所需原料和用具清单

干邑白兰地 Remy Martini XO	白兰地杯 Brandy Snifter	冰块 Ice Cube	冰铲 Ice Scoop	冰桶 Ice Bucket
量酒器 Jigger	擦杯布 Linen Glass Cloth	酒吧服务纸巾 Bar Napkin	托盘 Clean Tray	咖啡杯底碟 Coffee Plate

白兰地加冰服务

白兰地加冰服务程序，如表 3-27 所示。

表 3-27　白兰地加冰服务程序

步骤	项　目	要　领	图　示
第一步	擦杯	左手持擦杯布一端，手心朝上；右手取杯，将杯底部放入左手手心，握住；右手将擦杯布的另一端绕起，放入杯中；右手大拇指插入杯中，其他四指握住杯子外部，左右手交替转动并擦拭杯子	
第二步	倒酒	在白兰地杯中加入冰块，置于吧台上，用量酒器将 45 毫升干邑白兰地分别倒入两个白兰地杯中	
第三步	准备	酒水倒好后，放在托盘上，走到客人座位前，在客人右侧服务	
第四步	服务	把两张酒吧服务纸巾摆放在客人面前的桌子上，图案正对客人。把白兰地杯放在靠近客人右手边的纸巾上，并大声报出白兰地的名字："尊敬的先生/女士，让您久等了，这是您需要的干邑白兰地，请慢用！"	

续表

步骤	项 目	要 领	图 示
第五步	巡台	随时留意客人的酒杯,当注意到客人的杯子快要空了,主动进行添加服务,并询问客人是否需要再来一杯	
第六步	收台	(1) 客人离开后,清理客人桌子上的空酒杯、垃圾等,并将空酒杯放入洗杯机中清洗,垃圾等做垃圾分类处理。 (2) 对桌面进行清洁并消毒,摆好桌椅,恢复到开吧营业的状态	

任务评价

任务评价和啤酒服务相同,主要从同学们的仪容仪表、酒水调制、酒水服务、学习态度和综合印象五个方面进行,详细内容如表 3-28 所示。

表 3-28 "白兰地服务"工作任务评价表

任务	M 测量 J 评判	标准名称或描述	权重	评分示例	赛位号____	赛位号____
仪容仪表	M	制服干净整洁、熨烫挺括、合身,符合行业标准	2	Y/N		
	M	鞋子干净且符合行业标准	2	Y/N		
	M	男士修面,胡须修理整齐;女士淡妆,身体部位没有可见标记	2	Y/N		
	M	发型符合职业要求	2	Y/N		
	M	不佩戴过于醒目的饰物	1	Y/N		
	M	指甲干净整洁,不涂有色指甲油	1	Y/N		
酒水调制	M	所有必需用具和材料全部领取正确、可用	4	Y/N		
	M	调制方法正确	4	Y/N		
	M	使用量酒器	4	Y/N		

续表

任务	M测量 J评判	标准名称或描述	权重	评分 示例	赛位号 ___	赛位号 ___
酒水 调制	M	调制过程中没有浪费	4	Y/N		
	M	调制过程没有滴酒	4	Y/N		
	M	出品符合服务标准	4	Y/N		
	M	操作过程注意卫生	4	Y/N		
	M	器具和材料使用完毕后复归原位	4	Y/N		
	J	面对酒吧任务不自信，缺乏技巧展示，无法提供最终作品或最终作品无法饮用	10	2.5		
		对酒吧技巧有一定了解，技巧展示一般，提供的最终作品可以饮用		5		
		对任务充满自信，对技巧了解较多，作品呈现与装饰物展现较好		7.5		
		对任务非常有自信，与宾客有较好的交流，酒吧技巧熟练、知识丰富，作品呈现优秀，装饰物完美		10		
酒水 服务	M	礼貌地迎接、送别客人	4	Y/N		
	M	服务酒水与客人点单一致	4	Y/N		
	J	全程没有或较少使用英文	10	2.5		
		全程大部分使用英文，但不流利		5		
		全程使用英文，较为流利，但专业术语欠缺		7.5		
		全程使用英文，整体流利，使用专业术语		10		
	J	在服务过程中没有互动，没有对服务风格等的解释	10	2.5		
		在服务过程中有一些互动，对酒水有介绍，具有适当的服务风格		5		
		在服务过程中有良好自信，对酒水背后的文化有基本的介绍，有良好的互动，在服务过程中始终如一		7.5		
		与宾客有极好的互动，对酒水背后的文化有清晰的介绍，清楚讲解酒水专业知识，展示高水准的服务技巧		10		
学习 态度	J	学习态度有待加强，被动学习，延时完成学习任务	15	5		
		学习态度较好，按时完成学习任务		10		
		学习态度认真，学习方法多样，积极主动		15		

续表

任务	M 测量 J 评判	标准名称或描述	权重	评分示例	赛位号 ____	赛位号 ____
综合印象	J	在所有任务中状态一般,当发现任务具有挑战性时表现为不良状态	5	1		
		在执行所有任务时保持良好的状态,看起来很专业,但稍显不足		3		
		在执行任务中,始终保持出色的状态标准,整体表现非常专业		5		

选手用时:

裁判签字:　　　　　　　　　　　　　　　　年　　月　　日

任务拓展

白兰地纯饮 Straight Up 服务

(一) 原料和用具准备

白兰地纯饮服务所需原料和用具清单如表 3-29 所示。

表 3-29　白兰地纯饮服务所需原料和用具清单

白兰地 Brandy	白兰地杯 Brandy Snifter	量酒器 Jigger
酒吧服务纸巾 Bar Napkin	擦杯布 Linen Glass Cloth	托盘 Clean Tray

（二）白兰地纯饮服务

白兰地纯饮服务程序，如表 3-30 所示。

表 3-30　白兰地纯饮服务程序

步骤	项　目	要　　领	图　　示
第一步	擦杯	左手持擦杯布一端，手心朝上；右手取杯，将杯底部放入左手手心，握住；右手将擦杯布的另一端绕起，放入杯中；右手大拇指插入杯中，其他四指握住杯子外部，左右手交替转动并擦拭杯子	
第二步	倒酒	将白兰地杯置于吧台上，用量酒器将 45 毫升白兰地倒入白兰地杯中	
第三步	准备	酒水倒好后，放在托盘上，走到客人座位前，在客人右侧服务	
第四步	服务	把一张酒吧服务纸巾摆放在客人面前的桌子上，图案正对客人。把白兰地酒杯放在纸巾上，大声报白兰地的名字："尊敬的先生/女士，让您久等了，这是您需要的 ×× 白兰地，请慢用！"	
第五步	巡台	随时留意客人的酒杯，当注意到客人的杯子快要空了，主动询问客人是否需要再来一杯	

续表

步骤	项目	要领	图示
第六步	收台	（1）客人离开后,清理客人桌子上的空酒杯、垃圾,并将空酒杯放入洗杯机中清洗,垃圾等做垃圾分类处理 （2）对桌面进行清洁并消毒,摆好桌椅,恢复到开吧营业的状态	

任务四　威士忌服务
Whisky Service

 任务导入

　　不知不觉,在酒吧服务员的岗位已经工作了 3 个月,今天是我轮岗到威士忌酒廊(Maltings Whiskey Bar)工作的第一天,不巧外面下起了雨,气温降到 3 ℃ 左右,感觉非常冷,驻店常客 Mr. John Smith 来到酒廊告诉我需要一杯威士忌取暖。我愉快地接受了订单,当我在后吧准备威士忌时,才意识到酒吧里有 24 种威士忌,于是我又尴尬地跑回酒廊询问 Mr. John Smith 需要哪种威士忌,得到的回答是麦卡伦 18 年纯饮,请跟随我一起学习威士忌服务。

 知识学习

一、了解威士忌的基础知识

　　威士忌,是英国人的"生命之水",英文 Whisky 的音译,以大麦、黑麦、燕麦、小麦、玉米等谷物为原料,经发酵、蒸馏后,再使用橡木桶进行陈酿,最后调配而成的蒸馏酒。威士忌根据地理位置可划分为爱尔兰威士忌、苏格兰威士忌、美国威士忌、加拿大威士忌和日本威士忌等。

　　威士忌的酿制过程详见表 3-31 所示。

随堂测试
▼

白兰地
服务

微课视频
▼

威士忌
基础知识

Note

表 3-31　威士忌的酿制过程

步　骤	酿制过程概述	图　示
麦芽制作 Malting	大麦在水中浸渍发芽，发芽过程把可溶性淀粉转化成糖，使用泥炭烘烤至大麦干燥，可抑制发芽并使其产生独特的风味	
磨碎 Mashing	麦芽干燥后，将其磨成粉，加入沸水。水质是影响威士忌品质和特性的重要因素之一，用热水将其溶解并提出糖分	
发酵 Fermenting	在麦芽汁中加入酵母，进行发酵，得到的液体的酒精度约为 5％vol	
蒸馏 Distilling	在锅炉式蒸馏器中进行 2 次蒸馏，蒸馏液风味更加香醇	
熟成 Maturing	存放在曾经陈放过 Sherry/Port/Bourbon 的橡木桶中，法律规定所有苏格兰威士忌必须在木桶里贮藏至少 3 年才能装瓶	

续表

步 骤	酿制过程概述	图 示
混合/勾兑 Blending	酒厂的调酒大师依其经验和本品牌酒质的要求,按照一定的比例搭配,调配勾兑出不同风味的威士忌	
装瓶 Bottling	装瓶之前先要将混配好的威士忌再过滤一次,将其杂质去掉,然后由自动的装瓶机器将威士忌按固定的容量分装至每一个酒瓶中,最后再贴上厂家的商标,即可装箱出售	

二、苏格兰威士忌 Scotch Whisky

苏格兰威士忌是以麦芽为主原料的威士忌。

(一) 苏格兰威士忌的种类

苏格兰威士忌的种类及特点详见表 3-32。

表 3-32 苏格兰威士忌的种类及特点

种 类	特 点
单一麦芽威士忌 Single Malt Whisky	单一麦芽威士忌是指完全由同一家蒸馏厂以发芽大麦为原料制造的,并且在苏格兰境内以橡木桶熟化三年以上的威士忌
纯麦威士忌 Malt Whisky	纯麦威士忌则选用泥炭熏干的麦芽,不添加任何其他的谷物,并且必须使用壶式蒸馏器进行蒸馏,蒸馏后酒液的酒精度达 63%vol 左右
调和威士忌 Blended Whisky	调和威士忌由三分之一的纯麦威士忌和三分之二的谷物威士忌调配而成,这些调配的基酒可能来自多个不同的酒厂
谷物威士忌 Grain Whisky	谷物威士忌是指大麦、小麦和玉米等谷物糖化后经发酵、蒸馏而酿造成的威士忌

(二) 苏格兰威士忌名品

苏格兰威士忌名品如表 3-33 所示。

知识拓展 6

▼

苏格兰
威士忌
主要产区

知识拓展 7
▼

苏格兰
威士忌
名品概述

表 3-33　苏格兰威士忌名品

格兰菲迪 Glenfiddich	格兰威特 Glenlivet	麦卡伦 Macallan	百富 Balvenie	芝华士 Chivas Regal
皇家礼炮 21 年 Royal Salute 21 yrs	百龄坛 Ballantine's	尊尼获加 Johnnie Walker	珍宝 J&B	帝王 Dewar's

三、爱尔兰威士忌 Irish Whisky

爱尔兰可以说是威士忌的发源地，爱尔兰威士忌是以发芽的大麦为原料，使用壶式蒸馏器进行三次蒸馏，并且在橡木桶中陈年三年以上酿造成的麦芽威士忌，并与未发芽大麦、小麦与裸麦连续蒸馏所酿造出的谷物威士忌进行进一步调和而成的。以未发芽的大麦为原料会使爱尔兰威士忌有较为青涩、辛辣的口感。

爱尔兰威士忌名品如表 3-34 所示。

表 3-34　爱尔兰威士忌名品

品　名	酒品概述	图　示
尊美醇 Jameson	1780 年，约翰尊美醇在爱尔兰都柏林建立了蒸馏厂，驰名世界的尊美醇爱尔兰威士忌就此诞生。尊美醇爱尔兰威士忌没有苏格兰威士忌的煤熏味，口感较为清淡柔和，存放于橡木桶中陈年后，酒液更加柔滑顺和，带有清新爽口的麦香味	

续表

品　　名	酒品概述	图　　示
布什米尔 Bushmills	布什米尔创立于 1608 年,经历了厂房大火、禁酒运动等一系列劫难,布什米尔仍顽强地存活着。布什米尔以 100% 爱尔兰大麦麦芽为原料,采用爱尔兰传统制法酿造而成。在古老的欧罗索(Oloroso)雪莉桶中长时间酿造陈年,具有雪莉、香草等甜美而辛辣的味道,是个性十足的一款单一麦芽威士忌	

四、美国威士忌 American Whiskey

美国威士忌以优质的水、温和的酒质和带有焦黑橡木桶的香味而闻名,美国的波本威士忌(Bourbon Whiskey)更是享誉世界。美国威士忌与苏格兰威士忌在制法上大致相同,但所用的谷物不同,蒸馏出的酒精度也比苏格兰威士忌低。

知识拓展 8
▼

美国威士忌名品概述

(一) 美国威士忌种类

美国威士忌的常见种类及特点详见表 3-35。

表 3-35　美国威士忌的常见种类及特点

种　　类	特　　点
波本威士忌 Bourbon Whiskey	波本威士忌的主要原料为玉米和大麦,其中玉米至少占原料用量的 51%,蒸馏是采取塔式蒸馏锅和壶式蒸馏锅并行的方式进行蒸馏,将酒液混合后放入全新的美国碳化橡木桶中进行陈酿,酒液的麦类风味与来自橡木桶的甜椰子和香草风味融合在一起,发展出水果、蜂蜜和花朵等香气,装瓶后酒液呈琥珀色
田纳西威士忌 Tennessee Whiskey	田纳西威士忌同波本威士忌的酿造工艺基本相同,唯一不同的是在装瓶前,田纳西威士忌会使用枫木炭进行过滤,过滤后的田纳西威士忌口感更加顺滑,带有淡淡的甜味和烟熏味

(二) 美国威士忌名品

美国威士忌名品详见表 3-36。

表 3-36　美国威士忌名品

| 占边
Jim Beam | 杰克丹尼
Jack Daniel | 绅士杰克丹尼
Gentleman
Jack Daniel's | 四玫瑰
Four Roses | 威特基
Wild Turkey | 美格波本威士忌
Maker's Mark |

五、加拿大威士忌 Canadian Whisky

知识拓展9

▼

加拿大
威士忌
名品概述

加拿大生产威士忌已有 200 多年的历史，加拿大威士忌以裸麦为主要原料，裸麦在原料中占 51％以上，再配以麦芽及其他谷类，经发酵、蒸馏、勾兑等工艺，在白橡木桶中陈酿至少三年，才能出品。

加拿大威士忌名品详见表 3-37。

表 3-37　加拿大威士忌名品

加拿大俱乐部 Canadian Club	西格兰姆斯特醇 Seagram's V.O	皇冠 Crown Royal	艾伯塔 Alberta

六、日本威士忌 Japanese Whisky

知识拓展10

▼

日本威
士忌名
品概述

日本威士忌的生产采用苏格兰的传统工艺和设备，从英国进口泥炭用于烟熏麦芽，从美国进口白橡木桶用于储酒，甚至从英国进口一定数量的苏格兰麦芽威士忌原酒，专供勾兑自产的威士忌酒。但日本威士忌胜在懂得融会贯通，对传统的威士忌酿造技术做了一些改变，融入了一些本土特色，最终酿造出符合日本人生活方式和鉴赏力的威士忌，其特点是精致、柔和、醇香。日本威士忌相较于苏格兰威士忌，酒体干净，有较多水果的气味及甜美的口感，没有像苏格兰威士忌那样留下很多麦子的味道，而是更多强调和谐与平衡。

日本威士忌名品详见表 3-38。

表 3-38　日本威士忌名品

山崎 The Yamazaki	白州 The Hakushu	響 Hibiki	余市 Yochi	宫城峡 Miyagikyo

七、威士忌饮用

（一）纯饮 Straight up

1. 饮用

纯饮意指 100％纯粹的酒液，无任何添加物，可恣意让威士忌的强劲直接冲击感官，纯饮是最能体会威士忌风味的传统品饮方式。

2. 服务

纯饮服务使用古典杯，每杯标准分量为 45 毫升，服务和白兰地相同，详见表 3-30。

（二）加冰块 On The Rocks

1. 饮用

加冰块是为了降低酒精的刺激，又不想稀释威士忌的酒客们的一种选择。然而，威士忌加冰块虽能抑制酒精刺激，但也连带因降温而让部分香气闭锁，难以品尝出威士忌原有的风味。

2. 服务

在古典杯中加入大颗冰块，将 45 毫升威士忌沿着冰块慢慢倒入酒杯中，服务和白兰地相同，详见表 3-27。

（三）加汽水 Highball

1. 饮用

以烈酒为基酒，加上汽水的调酒方式称为 Highball，以 Whisky Highball 为例，加可乐或苏打水是较受欢迎的方式。

2. 服务

先在海波杯或柯林杯中加入冰块，倒入 Single(45 毫升)或 Double(90 毫升)的威士忌，最后加入适量可乐或苏打水。

（四）加水 Whisky with Water

1. 饮用

加水堪称最普及的威士忌饮用方式，加水的主要目的是降低酒精对嗅觉的刺激。从理论上来讲，可将威士忌加水稀释，酒精度为 20％vol 时的威士忌是最能表现威士忌原有香气的。

2. 服务

在威士忌杯中倒入 45 毫升的威士忌，再按 1∶1 的比例加水。

（五）水割 Mizuwari

1. 饮用

水割是日本人发明的一种饮用威士忌的方法，目的是降低威士忌饮用时口中的辛辣感，突出威士忌的芳香和甘甜。

2．服务

在柯林杯中放入冰块，搅拌冰块，倒掉杯内融化的水，加入 45 毫升威士忌、112.5 毫升蒸馏水，搅拌融合。

任务准备

以小组为单位，每组 3—4 人，准备的原料和用具如表 3-39 所示，采用角色扮演的方式，营造真实工作情境，以酒吧服务员"我"的身份进行威士忌加苏打水（Whisky Highball）服务。

表 3-39　威士忌加苏打水服务所需原料和用具清单

威士忌 Whisky	苏打水 Soda Water	冰块 Ice Cubes	柠檬皮 Lemon Peel
柯林杯 Collins Glass	镊子 Tweezers	冰铲 Ice Scoop	托盘 Clean Tray
量酒器 Jigger	擦杯布 Linen Glass Cloth	酒吧服务纸巾 Bar Napkin	咖啡杯底碟 Coffee Plate

任务
实施

一杯威士忌加苏打水的服务程序,如表 3-40 所示。

表 3-40　威士忌加苏打水的服务程序

步骤	项　　目	要　　领	图　　示
第一步	擦杯	左手持擦杯布一端,手心朝上;右手取杯,将杯底部放入左手手心,握住;右手将擦杯布的另一端绕起,放入杯中;右手大拇指插入杯中,其他四指握住杯子外部,左右手交替转动并擦拭杯子	
第二步	调制	柯林杯中加入冰块,根据客人要求倒入 Single(45 毫升)或 Double(90 毫升)的威士忌,再加入适量冰镇苏打水,用吧匙轻微搅拌	
第三步	装饰	用镊子夹取柠檬皮入杯装饰	
第四步	准备	酒水调制完毕后,放在托盘上,走到客人座位前,在客人右侧服务	

续表

步 骤	项 目	要 领	图 示
第五步	服务	把一张酒吧服务纸巾摆放在客人面前的桌子上，图案正对客人。把柯林杯放在靠近客人右手边的纸巾上，大声报出酒的名字："尊敬的先生/女士，让您久等了，这是您需要的××威士忌苏打，请慢用！"	
第六步	巡台	随时留意客人的酒杯，当你注意到客人的杯子快要空了，主动询问客人是否需要再来一杯	
第七步	收台	（1）客人离开后，清理客人桌子上的空酒杯、垃圾等，并将空酒杯放入洗杯机中清洗，垃圾等做分类处理。 （2）清洁桌面并进行消毒，摆好桌椅，恢复到开吧营业的状态	

随堂测试
▼

威士忌
服务

任务评价

任务评价和白兰地服务相同，主要从同学们的仪容仪表、酒水调制、酒水服务、学习态度和综合印象五个方面进行，详见表3-28"白兰地服务"工作任务评价。

任务拓展

爱尔兰咖啡（Irish Coffee）的调制与服务

（一）爱尔兰咖啡国际酒谱

爱尔兰咖啡国际酒谱如图3-9所示，爱尔兰咖啡如图3-10所示。

IRISH · COFFEE
GLASS：Irish Coffee Glass
TECHNIQUE：Build
GARNISH：None
INGREDIENTS：
30 mL Jameson Irish Whisky
150 mL Hot Coffee
30 mL Fresh Cream
2 Pcs Sugar Cube
Mixology：Build Jameson whisky into Irish Coffee Cup to first line, add two
sugar cubes; heat Irish Coffee Glass, turning and heating until sugar cubes
completely melt in Whisky; heat Irish Coffee Cup Rim with flamethrower,
light the whisky again; shake the glass evenly until the fire is out; pour the
brewed coffee into the second line; add another layer of cream.

图 3-9 爱尔兰咖啡国际酒谱   图 3-10 爱尔兰咖啡

（二）原料和用具准备

爱尔兰咖啡服务所需原料和用具清单如表 3-41 所示。

表 3-41 爱尔兰咖啡服务所需原料和用具清单

爱尔兰威士忌 Jameson Irish Whisky	爱尔兰咖啡杯 Irish Coffee Glass	热咖啡 Hot Coffee	量酒器 Jigger
鲜奶油 Fresh Whipped Cream	擦杯布 Linen Glass Cloth	方糖 Sugar Cubes	爱尔兰咖啡炉 Irish Coffee Stove
酒吧服务纸巾 Bar Napkin	托盘 Clean Tray	点火枪 Lighter	咖啡杯底碟 & 咖啡勺 Irish Coffee Plate & Spoon

（三）爱尔兰咖啡调制

爱尔兰咖啡的调制过程，如表 3-42 所示。

表 3-42　爱尔兰咖啡的调制过程

步骤	项　目	要　领	图　示
第一步	准备	将主要原料和用具依次放在工作台上，擦拭爱尔兰咖啡杯	
第二步	放材料	在爱尔兰咖啡杯中先倒入 1 盎司左右爱尔兰威士忌，至杯中由下向上第一条线，再加入两块方糖；将爱尔兰咖啡杯置于杯架上；点燃酒精灯	
第三步	烤杯	右手握住爱尔兰咖啡杯底座，让火源由杯底部烧起，此时右手慢慢转动杯子，使杯子底部均匀受热	
第四步	燃焰	看到杯口开始有蒸汽出现，等待蒸汽消失，慢慢地将火源移到杯口，点燃爱尔兰咖啡杯中的威士忌。此时，会见到蓝色火焰燃烧。熄灭酒精灯，晃动酒杯，让酒精挥发出来，至火焰自然熄灭	

续表

步骤	项 目	要 领	图 示
第五步	注入咖啡	倒入刚刚煮好的热的浓咖啡至咖啡杯从下向上第二条线	
第六步	漂浮奶油	将鲜奶油打发至起泡,缓缓倒在咖啡上面,使之与杯口基本同高,加上装饰物	

(四) 爱尔兰咖啡服务

爱尔兰咖啡的服务程序,如表 3-43 所示。

表 3-43　爱尔兰咖啡的服务程序

步骤	项 目	要 领	图 示
第一步	准备	爱尔兰咖啡调制完毕后,配上咖啡底碟和咖啡勺,放在托盘上,走到客人座位前,在客人右侧服务	
第二步	服务	把一张酒吧服务纸巾摆放在客人面前的桌子上,图案正对客人。把咖啡底碟放在纸巾上,再把爱尔兰咖啡放在底碟上,配上咖啡勺,大声报出饮品的名字:"尊敬的先生/女士,让您久等了,这是您需要的爱尔兰咖啡,请慢用!"	

续表

步 骤	项 目	要 领	图 示
第三步	巡台	随时留意客人的杯子，当注意到客人的杯子快要空了，主动询问客人是否需要再来一杯	
第四步	收台	（1）客人离开后，清理客人桌子上的空杯子、咖啡底碟、咖啡勺和垃圾等，并将空杯子、咖啡底碟和咖啡勺放入洗杯机中清洗，垃圾等做分类处理。 （2）对桌面进行清洁并消毒，摆好桌椅，恢复到开吧营业的状态	

任务五　金酒服务
Gin Service

微课视频 ▼

金酒基础知识
微课视频 ▼

红粉佳人

 任务导入

　　金酒是 1660 年由荷兰莱顿大学的西尔维斯（Doctor Sylvius）教授创造的。金酒最初是为了帮助在东印度地区活动的荷兰商人、海员和移民预防热带疟疾病，作为利尿、清热的药剂使用的，不久人们发现这种利尿剂香气和谐、口味协调，具有净、爽的自然风格。就此，金酒很快就被人们作为正式的酒精饮料饮用。1689 年流亡荷兰的威廉三世回到英国继承王位，也将金酒传入英国。

知识学习

一、金酒的定义

　　金酒（Gin）诞生在荷兰，闻名于英国，又名杜松子酒（Genever）、琴酒或毡酒，是以谷物为原料,加入杜松子(Juniper Berry)等香料,经过发酵、蒸馏等工艺制成的烈酒。

二、金酒的分类

金酒的分类详见表 3-44 所示。

表 3-44　金酒的类型

类　型	概　　述	常见品牌
荷兰金酒	荷兰金酒是以大麦为主要原料,以杜松子为调香材料,发酵后蒸馏三次获得的谷物原酒,香料味浓重,辣中带甜,酒精度为 35%vol—45%vol,适于纯饮(净饮)。荷兰金酒标签上注明 Jonge 则为新酒,Oulde 则意为陈酒,Zeet Oulde 则意为陈酿	波尔斯 Bols 波克马 Bokma 邦斯马 Bomsma
伦敦干金	伦敦干金是以玉米为主要原料,比例占到了 75%,再配以其他谷物,通过连续蒸馏的方式得到的烈酒。它口味清淡,容易被人们接受,用途广泛,用于纯饮(净饮)和充当鸡尾酒的基酒	必富达 Beefeater 歌顿 Gordon's 添加利 Tanqueray
美式金酒	美式金酒为淡金黄色,因为与其他金酒相比,它要在橡木桶中陈年一段时间。美式金酒主要包括蒸馏金酒(Distiled Gin)和混合金酒(Mixed Gin)两大类。通常情况下,美式蒸馏金酒的瓶底有"D"字样,这是美式蒸馏金酒的特殊标志。混合金酒是用食用酒精和杜松子简单混合而成的,很少用于单饮,多用于调制鸡尾酒	汉娜 Hana
加味金酒	加味金酒是往酒里添加了天然风味的物质(如苹果、柠檬、薄荷、橘子和菠萝,加不加糖随意)。1992 年美国规定,此酒瓶装时酒精强度不得低于 60%vol,按容积换算酒精含量为 30%,主要的加味物将作为酒名的一部分	海曼黑刺李金酒 Hayman's Sloe Gin

三、金酒的饮用

(一) 加冰块 On the Rocks

酒杯中加入几颗冰块和一片柠檬,再在杯子里加入金酒,一口下去,会有一股杜松子的味道,清香爽口。

(二) 金酒加汤力水 Gin & Tonic

金汤力(金酒＋汤力水＋冰＋柠檬),为餐前鸡尾酒,口味带着淡淡的杜松子香和柠檬香,酒液清澈甘冽。

四、金酒名品

金酒名品详见表 3-45。

知识拓展11

▼

金酒名品
概述

表 3-45　金酒名品

添加利 Tanqueray 产地:英国	哥顿 Gordon's 产地:英国	必富达 Beefeater 产地:英国	钻石 Gilbey's 产地:英国
蓝宝石金酒 Bombay Sapphire 产地:英国	亨利爵士 Hendrick's 产地:英国	施格兰 Seagram's 产地:美国	波尔斯 Bols 产地:荷兰
汉娜 Hana 产地:美国	添加利 10 号 Tanqueray No. 10 产地:英国	海曼黑刺李金酒 Hayman's Sloe Gin 产地:英国	植物学家 The Botanist 产地:苏格兰

　　以小组为单位,每组 3—4 人,准备原料和用具如表 3-46 所示,采用角色扮演的方式,营造真实工作环境,以酒吧服务员"我"的身份进行金酒加冰服务。

表 3-46　金酒加冰服务所需原料和用具清单

添加利金酒 Tanqueray Gin	冰块 Ice Cubes	青柠片 Lime Slice	冰桶 Ice Bucket
古典杯 Old Fashioned Glass	镊子 Tweezers	冰铲 Ice Scoop	鸡尾酒搅拌棒 Cocktail Stirrer
托盘 Clean Tray	量酒器 Jigger	擦杯布 Linen Glass Cloth	酒吧服务纸巾 Bar Napkin

　　金酒加冰服务程序,如表 3-47 所示。

表 3-47　金酒加冰服务程序

步骤	项　目	要　领	图　示
第一步	擦杯	左手持擦杯布一端，手心朝上；右手取杯，将杯底部放入左手手心，握住；右手将擦杯布的另一端绕起，放入杯中；右手大拇指插入杯中，其他四指握住杯子外部，左右手交替转动并擦拭杯子	
第二步	调制	在古典杯中加入少量冰块，置于吧台上，用量酒器将 45 毫升添加利金酒倒入杯中	
第三步	装饰	用镊子夹取青柠片挂杯装饰，放上鸡尾酒搅拌棒	
第四步	准备	金酒调制完毕后，放在托盘上，走到客人座位前，在客人右侧服务	
第五步	服务	把一张酒吧服务纸巾摆放在客人面前的桌子上，图案正对客人。把古典杯放在靠近客人右手边的纸巾上，大声报出酒的名字："尊敬的先生/女士，让您久等了，这是您需要的添加利金酒加冰，请慢用！"	

续表

步骤	项　目	要　领	图　示
第六步	巡台	随时留意客人的酒杯,当你注意到客人的杯子快要空了,主动询问客人是否需要再来一杯	
第七步	收台	(1) 客人离开后,清理客人桌子上的空酒杯、水果装饰物和垃圾等,将空酒杯放入洗杯机中清洗,水果装饰物和垃圾等做垃圾分类处理。 (2) 对桌面进行清洁并消毒,摆好桌椅,恢复到开吧营业的状态	

任务评价

　　任务评价和白兰地服务相同,主要从同学们的仪容仪表、酒水调制、酒水服务、学习态度和综合印象五个方面进行,详见表 3-28"白兰地服务"工作任务评价。

任务拓展

金汤力(Gin Tonic)调制与服务

(一) 金汤力酒谱

金汤力国际酒谱如图 3-11 所示,调制好的金汤力见图 3-12。

GIN · TONIC
GLASS：Collin Glass
TECHNIQUE：Build
GARNISH：Lemon Wedge
INGREDIENTS：
45 mL Tanqueray Gin
150 mL Tonic Water
1 Pcs Lemon Wedge
Mixology：Build 45 mL gin over ice in glass.Top with tonic Water.

图 3-11　金汤力国际酒谱　　　　　　　　　　　图 3-12　金汤力

（二）原料和用具

金汤力服务所需原料和用具清单如表 3-48 所示。

表 3-48　金汤力服务所需原料和用具清单

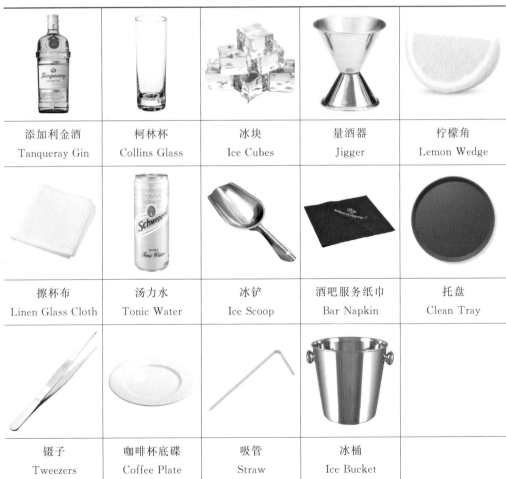

添加利金酒 Tanqueray Gin	柯林杯 Collins Glass	冰块 Ice Cubes	量酒器 Jigger	柠檬角 Lemon Wedge
擦杯布 Linen Glass Cloth	汤力水 Tonic Water	冰铲 Ice Scoop	酒吧服务纸巾 Bar Napkin	托盘 Clean Tray
镊子 Tweezers	咖啡杯底碟 Coffee Plate	吸管 Straw	冰桶 Ice Bucket	

（三）金汤力调制

金汤力调制过程，如表 3-49 所示。

表 3-49　金汤力调制过程

步骤	项　目	要　领	图　示
第一步	准备	将主要原料和用具，依次放在工作台上	
第二步	擦杯	左手持擦杯布一端，手心朝上；右手取杯，杯底部放入左手手心，握住；右手将擦杯布的另一端绕起，放入杯中；右手大拇指插入杯中，其他四指握住杯子外部，左右手交替转动并擦拭杯子	
第三步	冰杯	在柯林杯中加入冰块，使酒杯冷却	
第四步	放材料	将柯林杯置于吧台上，用量酒器将 45 毫升添加利金酒倒入杯中，用汤力水注至八九分满	
第五步	装饰	用镊子夹取柠檬角和吸管入杯装饰	

续表

步骤	项目	要领	图示
第六步	清洁	调制完毕后,随手清洁台面,养成良好的职业习惯	

（四）金汤力服务

金汤力服务程序如表 3-50 所示。

表 3-50　金汤力服务程序

步骤	项目	要领	图示
第一步	准备	金汤力调制完毕,放在托盘上,走到客人座位前,在客人右侧服务	
第二步	服务	把一张酒吧服务纸巾摆放在客人面前的桌子上,图案正对客人。把柯林杯放在纸巾上,大声报出酒的名字:"尊敬的先生/女士,让您久等了,这是您需要的金汤力,请慢用!"	
第三步	巡台	随时留意客人的酒杯,当注意到客人的杯子快要空了,主动询问客人是否需要再来一杯	

项目三 走进酒吧去服务——成为一名酒吧服务员 **151**

续表

步骤	项　目	要　　领	图　　示
第四步	收台	（1）客人离开后，清理客人桌子上的空酒杯、水果装饰物和垃圾等，并将空酒杯放入洗杯机中清洗，水果装饰物和垃圾等做垃圾分类处理。 （2）对桌面进行清洁并消毒，摆好桌椅，恢复到开吧营业的状态	

任务六　伏特加服务
Vodka Service

 任务导入

　　伏特加是俄罗斯和波兰的国酒，是在寒冷地区的国家十分流行的烈性饮料。相传，伏特加最早是 15 世纪晚期修道院里的修道士所酿造的。他们本来是将它作为消毒液使用的，却不知哪个好饮的修道士偷喝了第一口"消毒水"，此后伏特加便成了俄罗斯人的挚爱。

微课视频
▼

伏特加
基础知识

 知识学习

一、伏特加的定义

　　伏特加不甜、不苦、不涩，只有烈焰般的刺激，它以马铃薯、玉米、大麦或黑麦为原料，通过蒸煮的方法，先对原料中的淀粉进行糖化，再采用蒸馏法蒸馏出酒精度高达 96％vol 的酒液，完成后用木炭进行过滤，吸附酒液中的杂质，装瓶前再用蒸馏水稀释成酒精度为 40％vol—50％vol 的烈酒。

二、伏特加的分类

　　依照生产地和国家，可将伏特加分为波兰伏特加、俄罗斯伏特加、芬兰伏特加、瑞典伏特加 、法国伏特加、荷兰伏特加和美国伏特加，详见表 3-51 所示。

表 3-51　伏特加的类型

类　型	概　述	常见品牌
波兰伏特加 Poland Vodka	波兰伏特加的酿造工艺与俄罗斯相似，区别是波兰人在酿造过程中会加入一些植物果实等调香原料，所以波兰伏特加酒体比俄罗斯伏特加更丰富，更有韵味	斯皮亚图斯 Spirytus 维波罗瓦 Wyborowa 终极 Ultimat 肖邦 Chopin 雪树 Belvedere
俄罗斯伏特加 Russian Vodka	俄罗斯伏特加最初以大麦为原料，后来逐渐改用淀粉含量高的马铃薯和玉米。其酒液透明，除酒香外，几乎没有其他香味，口味较烈，劲大冲鼻，具有火一般刺激	苏联红牌 Stolichnaya 苏联绿牌 Moskovskaya 斯丹达 Standard 艾达龙 Etalon
芬兰伏特加 Finlandia Vodka	芬兰伏特加 1970 年诞生于北欧的 Scandinavia，1971 年进入美国市场，选用经过 10000 多年冰碛过滤、保留了冰河时期的纯美形态的芬兰冰川水及六棱大麦酿造。由于它的品质纯净且独具天然的北欧风味及传统，因而树立了高级伏特加的品牌形象	芬兰迪亚 Finlandia
瑞典伏特加 Swedish Vodka	伏特加在瑞典的历史悠久，最初瑞典人称之为"燃烧的酒"，瑞典酿造的绝对伏特加 Absolut Vodka 成为生活品位广告类的杰作，它引领着世界其他国家的伏特加的广告宣传活动。位于瑞典首都斯德哥尔摩的绝对冰吧，更是现代伏特加文化的缩影	绝对原味伏特加 Absolut Vodka 绝对柠檬味伏特加 Absolut Citron 绝对亦乐味伏特加 Absolut ELYX 绝对柑橘味伏特加 Absolut Mandrin 绝对香草味伏特加 Absolut Vanilia 绝对红柚味伏特加 Absolut Ruby Red 绝对芒果味伏特加 Absolut Mango
法国伏特加 French Vodka	你可能根本没想过把伏特加和法国联系在一起，不过法国北部有着蒸馏烈酒的悠久传统，并且法国在混合勾兑和品质监控上首屈一指。现在，卓越的灰雁伏特加在世界各地深受欢迎	灰雁伏特加 Grey Goose 诗珞珂 Ciroc
荷兰伏特加 Holland Vodka	荷兰的蒸馏技术精湛，正在酿造很多一流的伏特加	皇族 Royalty 凯特 1 号 Ketel One
美国伏特加 American Vodka	尽管美国是传统的伏特加进口国，然而美国凉爽的气候为酿造伏特加提供了完美条件，美国伏特加的味道通常比较中性	提顿冰川 Teton Glacier 蓝天 Skyy 皇冠伏特加 Smirnoff 提托 Tito's

三、伏特加的饮用

（一）冰冻净饮 Straight up

1. 饮用

大多数伏特加爱好者相信，直接喝伏特加是享受这种饮料的正确方法，先提前将伏特加冷藏，酒瓶上会形成一层薄霜，酒的质地也会变得稠密，饮用时，将伏特加倒入冰镇过的杯子，然后一口灌下，入口后酒液蔓延，口感醇厚，入腹则顿觉热流遍布全身。

2. 服务

伏特加冰冻净饮时一般选择子弹杯作为载杯，标准分量为 30 毫升。

（二）混合饮料 Mixing Drinks

1. 饮用

伏特加属于烈酒，加入果汁等软饮后，可以缓解酒的刺激，使烈酒更好入口，而入口后的味道也是软饮兑酒精的味道，细软而醇香。

2. 服务

用量酒器将 45 毫升伏特加倒入柯林杯中，加满冰块，注入果汁等软饮至八九分满，最后用橙片或柠檬片进行装饰。

四、伏特加名品

伏特加名品详见表 3-52。

表 3-52 伏特加名品

斯皮亚图斯 Spirytus 产地：波兰	维波罗瓦 Wyborowa 产地：波兰	终极 Ultimat 产地：波兰	肖邦 Chopin 产地：波兰	雪树 Belvedere 产地：波兰
苏联红牌 Stolichnaya 产地：俄罗斯	苏联绿牌 Moskovskaya 产地：俄罗斯	斯丹达 Standard 产地：俄罗斯	艾达龙 Etalon 产地：俄罗斯	芬兰迪亚 Finlandia 产地：芬兰

知识拓展12

▼

伏特加
名品概述

续表

绝对原味伏特加 Absolut Vodka 产地:瑞典	绝对辣椒味 伏特加 Absolut Pepper 产地:瑞典	绝对柠檬味 伏特加 Absolut Citron 产地:瑞典	绝对亦乐伏特加 Absolut ELYX 产地:瑞典	绝对柑橘味 伏特加 Absolut Mandrin 产地:瑞典
绝对香草味 伏特加 Absolut Vanilia 产地:瑞典	绝对红柚味 伏特加 Absolut Ruby Red 产地:瑞典	灰雁伏特加 Grey Goose 产地:法国	诗珞珂 Ciroc 产地:法国	皇族 Royalty 产地:荷兰
凯特1号 Ketel One 产地:荷兰	提顿冰川 Teton Glacier 产地:美国	蓝天 Skyy 产地:美国	皇冠伏特加 Smirnoff 产地:美国	提托 Tito's 产地:美国

任务准备

　　以小组为单位,每组 3—4 人,准备原料和用具,如表 3-53 所示,采用角色扮演的方式,营造真实的工作情境,以酒吧服务员"我"的身份进行伏特加加果汁等软饮的服务。

表 3-53 伏特加加果汁等软饮的服务所需原料和用具清单

伏特加 Vodka	柯林杯 Collin Glass	冰块 Ice Cubes	量酒器 Jigger
蔓越莓汁 Cranberry Juice	橙汁 Orange Juice	青柠片 Lime Slice	橙片 Orange Slice
干姜水 Ginger Ale	冰铲 Ice Scoop	酒吧服务纸巾 Bar Napkin	托盘 Clean Tray
镊子 Tweezers	咖啡杯底碟 Coffee Plate	吸管 Straw	擦杯布 Linen Glass Cloth

任务实施

一、伏特加加橙汁的调制

伏特加加橙汁，就是鸡尾酒螺丝刀 Screw Driver，调制过程如表 3-54 所示。

表 3-54 　伏特加加橙汁的调制过程

步骤	项　目	要　领	图　示
第一步	准备	将主要原料和用具依次放在工作台上	
第二步	擦杯	左手持擦杯布一端，手心朝上；右手取杯，将杯底部放入左手手心，握住；右手将擦杯布的另一端绕起，放入杯中；右手大拇指插入杯中，其他四指握住杯子外部，左右手交替转动并擦拭杯子	
第三步	冰杯	在柯林杯中加入冰块，使酒杯冷却	
第四步	放材料	将柯林杯置于吧台上，用量酒器量取 45 毫升伏特加倒入杯中，注入橙汁至八九分满	

续表

步骤	项　目	要　　领	图　　示
第五步	装饰	用镊子夹取橙片挂杯,夹取吸管入杯装饰	
第六步	清洁	调制完毕后,随手清洁台面,养成良好的职业习惯	

二、伏特加加橙汁服务

伏特加加橙汁(螺丝刀)服务程序,如表 3-55 所示。

表 3-55　伏特加加橙汁(螺丝刀)服务程序

步骤	项　目	要　　领	图　　示
第一步	服务	鸡尾酒螺丝刀调制完毕后,放在托盘上,走到客人座位前,在客人右侧服务	
第二步	饮用	把一张酒吧服务纸巾摆放在客人面前的桌子上,图案正对客人。把柯林杯放在纸巾上,大声报出酒的名字:"尊敬的先生/女士,让您久等了,这是您需要的螺丝刀,请慢用!"	

续表

步骤	项目	要　领	图　示
第三步	巡台	随时留意客人的酒杯，当注意到客人的杯子快要空了，主动询问客人是否需要再来一杯	
第四步	收台	（1）客人离开后，清理客人桌子上的空酒杯、水果装饰物和垃圾等，并将空酒杯放入洗杯机中清洗，水果装饰物和垃圾等做分类处理。 （2）对桌面进行清洁并消毒，摆好桌椅，恢复到开吧营业的状态	

 小经验

　　伏特加加果汁等软饮的服务可参考鸡尾酒螺丝刀的服务。伏特加加蔓越莓汁用柠檬角挂杯装饰，伏特加加干姜水用青柠片入杯装饰。

任务评价

　　任务评价和白兰地服务相同，主要从同学们的仪容仪表、酒水调制、酒水服务、学习态度和综合印象五个方面进行评价，详见表3-28"白兰地服务"工作任务评价。

任务拓展

伏特加纯饮服务

（一）原料和用具准备

伏特加纯饮服务所需的原料和用具清单如表3-56所示。

表 3-56 伏特加纯饮服务所需原料和用具清单

伏特加 Vodka	烈酒杯 Shot Glass	酒吧服务纸巾 Bar Napkin	托盘 Clean Tray

(二) 伏特加纯饮服务

伏特加纯饮的服务程序,如表 3-57 所示。

表 3-57 伏特加纯饮的服务程序

步骤	项 目	要 领	图 示
第一步	冷藏	将伏特加整瓶放入酒吧冰柜冷冻层中,冰冻半小时左右,拿出来大力摇晃瓶身,直到酒液变得黏稠	
第二步	倒酒	冰冻烈酒杯,并置于吧台上,将冰冻伏特加倒入杯中至九分满	
第三步	准备	酒水调制完毕后,放在托盘上,走到客人座位前,在客人右侧服务	

续表

步骤	项　目	要　　领	图　示
第四步	服务	把两张酒吧服务纸巾摆放在客人面前的桌子上，图案正对客人。把烈酒杯放在纸巾上，大声报出酒的名字："尊敬的先生/女士，让您久等了，这是您需要的××伏特加，请慢用！"	
第五步	巡台	随时留意客人的酒杯，当注意到客人的杯子快要空了，主动询问客人是否需要再来一杯	
第六步	收台	（1）客人离开后，清理客人桌子上的空酒杯、垃圾等，并将空酒杯放入洗杯机中清洗，垃圾等做分类处理。（2）对桌面进行清洁并消毒，摆好桌椅，恢复到开吧营业的状态	

随堂测试
▼

伏特加
服务

 小经验

　　伏特加的酒精度为 40％vol—50％vol，属于烈酒，冰点在水（0 ℃）与酒精（−114 ℃）之间，酒精度越高越靠近酒精的冰点，所以一般情况下伏特加整瓶放入酒吧冰柜冷冻层是不会结冰的，但不宜长时间放置，长时间的冷冻会破坏伏特加的天然香气。

任务七　朗姆酒服务
Rum Service

 任务导入

　　17 世纪初，在北美洲的巴巴多斯岛，一位掌握蒸馏技术的英国移民，他以甘蔗

 Note

为原料,蒸馏出朗姆酒,当地居民喝得很兴奋,而"兴奋"一词在当时的英语中为Rumbullion,所以他们用词首 rum 作为这种酒的名字。很快这种酒就成为廉价且受欢迎的大众化烈酒,我们经常在一些电影中看到海盗拎着一瓶朗姆酒,喝得醉醺醺的,因此朗姆酒又称"海盗之酒"。18 世纪,随着世界航海技术的进步以及欧洲各国殖民政府的推进,朗姆酒在世界各国广受欢迎。

微课视频

朗姆酒
基础知识

一、朗姆酒的定义

朗姆酒是以甘蔗压榨出来的甘蔗汁或制糖工业的副产品糖蜜为原料,经发酵、蒸馏、陈酿、调配等工艺制成的一种蒸馏酒。朗姆酒素来就有"海盗之酒"之称,主要产区集中在盛产甘蔗及蔗糖的地区,如牙买加、古巴、海地、圭亚那,以及多米尼加共和国、波多黎各自治邦等加勒比海的一些地区,其中以牙买加和古巴生产的朗姆酒较负盛名。

二、朗姆酒的分类

朗姆酒的类型与特点详见表 3-58。

表 3-58　朗姆酒的类型与特点

类　　型	特　　点	常见品种
白朗姆 White Rum	白朗姆又称银朗姆,是指蒸馏后需经活性炭过滤后入桶陈酿一年以上的朗姆酒。其酒味较干,香味不浓,无色	百加得银 哈瓦那银
金朗姆 Gold Rum	金朗姆又称琥珀朗姆,是指蒸馏后需存入内壁灼焦的旧橡木桶中至少陈酿三年的朗姆酒。其酒色较深,酒味略甜,香味较浓,酒液呈淡褐色	摩根船长金 百加得金
黑朗姆 Dark Rum	黑朗姆又称红朗姆,是指在生产过程中加入一定香料汁液或焦糖调色剂的朗姆酒。其酒色较浓,呈深褐色或棕红色,酒味芳醇	美雅仕黑 百加得黑
加香朗姆酒 Flavouring Rum	加香朗姆酒是指在白朗姆或不需陈年的朗姆酒中加入水果或香料而制作出来的朗姆酒。其酒精度通常偏低,主要应用于创意鸡尾酒中	克鲁赞椰子 百加得橙子 百加得青柠
朗姆预调酒 Rum Ready-To-Drink	朗姆预调酒是以朗姆酒为基底,混合新鲜果汁、纯水、白砂糖、食品添加剂等,进行调配、混合或再加工制成的、已改变了其酒基风格的朗姆酒	百加得冰锐 马利宝

三、朗姆酒的饮用

（一）加冰 On The Rocks

1. 饮用

朗姆酒加冰是最直接、最简单的饮用方法。冰块能缓解酒的刺激程度，使从舌尖到口腔的刺激慢慢由强转弱，这是一种特别的感官体验。

2. 服务

在古典杯中加满大颗冰块，将 45 毫升朗姆酒沿着杯壁缓缓倒入加了冰块的酒杯中。

（二）自由古巴 Cuba Libre

1. 饮用

据说在古巴首都有一个少尉在酒吧点了朗姆酒，他看到对面座位上的战友们在喝可乐，就突发奇想把可乐加到了朗姆酒中，用柠檬片作为装饰，并举杯对战友们高呼："Cuba libre!"从此就有了自由古巴这款鸡尾酒。

2. 服务

在加了冰块的古典酒杯中倒入 45 毫升朗姆酒，再慢慢倒入可乐，让可乐与酒及冰块互相融合，最后用一片青柠片点缀。

四、朗姆酒名品

朗姆酒名品如表 3-59 所示。

表 3-59　朗姆酒名品

百加得白 Bacardi Superior White Rum 产地:古巴	摩根船长金朗姆 Captain Morgan Original Spiced Gold 产地:牙买加	美雅士黑 Myers's Original Dark 产地:牙买加	哈瓦纳俱乐部白朗姆 Havana Club Anejo Blanco 产地:古巴
布里斯托尔 Bristol Black Spiced Rum 产地:英格兰	奇峰 Mount Gay Rum 产地:巴巴多斯	卡查萨 Cachaca 产地:巴西	邦达伯格 Bundaberg 产地:澳大利亚

续表

萨凯帕顶级朗姆酒 Zacapa Rum 产地:危地马拉	马利宝 Malibu 产地:西班牙	外交官精选珍藏朗姆酒 Diplomatico Reserva Exclusiva Rum 产地:委内瑞拉

任务
准备

　　以小组为单位,每组 3—4 人,准备的原料和用具如表 3-60 所示,采用角色扮演的方式,营造真实工作情境,以酒吧服务员"我"的身份进行朗姆酒加可乐的自由古巴服务。

表 3-60　自由古巴服务所需原料和用具清单

朗姆酒 Rum	冰块 Ice Cubes	柠檬角 Lemon Wedge	可口可乐 Coca Cola	古典杯 Old Fashioned Glass
镊子 Tweezers	冰铲 Ice Scoop	鸡尾酒搅拌棒 Cocktail Stirrer	托盘 Clean Tray	冰桶 Ice Bucket
量酒器 Jigger	擦杯布 Linen Glass Cloth	酒吧服务纸巾 Bar Napkin	咖啡杯底碟 Coffee Plate	

Note

一、自由古巴调制

自由古巴调制过程如表 3-61 所示。

表 3-61　自由古巴调制过程

步骤	项　目	要　　　领	图　　　示
第一步	准备	将主要原料和用具,依次放在工作台上	
第二步	擦杯	左手持擦杯布一端,手心朝上;右手取杯,将杯底部放入左手手心,握住;右手将擦杯布的另一端绕起,放入杯中;右手大拇指插入杯中,其他四指握住杯子外部,左右手交替转动并擦拭杯子	
第三步	冰杯	在古典杯中加入冰块,使酒杯冷却	
第四步	放材料	将古典杯置于吧台上,用量酒器将45毫升朗姆酒倒入杯中,注入冰镇可乐至八九分满	

续表

步骤	项 目	要 领	图 示
第五步	装饰	用镊子夹取柠檬角和鸡尾酒搅拌棒入杯装饰	
第六步	清洁	调制完毕后,随手清洁台面,养成良好的职业习惯	

二、自由古巴服务

自由古巴的服务程序,如表 3-62 所示。

表 3-62 自由古巴服务程序

步骤	项 目	要 领	图 示
第一步	准备	自由古巴调制完毕后,放在托盘上,走到客人座位前,在客人右侧服务	
第二步	服务	把一张酒吧服务纸巾摆放在客人面前的桌子上,图案正对客人。把古典杯放在纸巾上,大声报出酒的名字:"尊敬的先生/女士,让您久等了,这是您需要的自由古巴,请慢用!"	

续表

步　骤	项　目	要　　领	图　　示
第三步	巡台	随时留意客人的酒杯，当注意到客人的杯子快要空了，主动询问客人是否需要再来一杯	
第四步	收台	（1）客人离开后，清理客人桌子上的空酒杯、水果装饰物和垃圾等，并将空酒杯放入洗杯机中清洗，水果装饰物和垃圾等做分类处理。 （2）对桌面进行清洁并消毒，摆好桌椅，恢复到开吧营业的状态	

任务评价

任务评价和白兰地服务相同，主要从同学们的仪容仪表、酒水调制、酒水服务、学习态度和综合印象五个方面进行评价，详见表 3-28"白兰地服务"工作任务评价。

任务拓展

朗姆酒加冰服务

朗姆酒加冰（On The Rocks）是最直接、最简单的饮用方法。冰块能缓解酒的刺激，从舌尖到口腔刺激慢慢由强转弱，是一种特别的感官体验。

（一）原料和用具准备

朗姆酒加冰服务所需原料和用具清单如表 3-63 所示。

表 3-63 朗姆酒加冰服务所需的原料和用具清单

朗姆酒 Rum	古典杯 Old Fashioned	冰块 Ice Cubes	冰铲 Ice Scoop	冰桶 Ice Bucket
量酒器 Jigger	擦杯布 Linen Glass Cloth	酒吧服务纸巾 Bar Napkin	托盘 Clean Tray	咖啡杯底碟 Coffee Plate

（二）朗姆酒服务

朗姆酒加冰服务程序详见表 3-64 所示。

表 3-64 朗姆酒加冰服务程序

步骤	项 目	要 领	图 示
第一步	擦杯	左手持擦杯布一端,手心朝上;右手取杯,将杯底部放入左手手心,握住;右手将擦杯布的另一端绕起,放入杯中;右手大拇指插入杯中,其他四指握住杯子外部,左右手交替转动并擦拭杯子	
第二步	调制	在古典杯中加入少量冰块,置于吧台上,用量酒器量取 45 毫升朗姆酒倒入杯中	

续表

步骤	项　目	要　　领	图　　示
第三步	准备	金酒调制完毕后，放在托盘上，走到客人座位前，在客人右侧服务	
第四步	服务	把一张酒吧服务纸巾摆放在客人面前的桌子上，图案正对客人。把古典杯放在纸巾上，大声报出酒的名字："尊敬的先生/女士，让您久等了，这是您需要的朗姆酒加冰，请慢用！"	
第五步	巡台	随时留意客人的酒杯，当注意到客人的杯子快要空了，主动询问客人是否需要再来一杯	
第六步	收台	（1）客人离开后，清理客人桌子上的空酒杯、垃圾等，并将空酒杯放入洗杯机中清洗，垃圾做分类处理。 （2）对桌面进行清洁并消毒，摆好桌椅，恢复到开吧营业的状态	

随堂测试
▼

朗姆酒
服务

任务八　特基拉服务
Tequila Service

微课视频
▼

特基拉
基础知识

任务导入

　　1000 多年前,居住在墨西哥的阿兹特克人将龙舌兰的汁液发酵制成了一种乳白色的低度酒,叫布尔盖 Pulque。这种酒经常性地被用于宗教信仰活动中,被认为可以帮助祭司在饮用后产生酒醉或幻觉,这种状态下可以更好地与神明沟通。16 世纪初,当西班牙殖民者踏足墨西哥时,不仅带来了大批量的烈酒,而且也带了先进的蒸馏技术,当海运过来的白兰地喝完时,西班牙人将目光转向了有奇特植物香味的布尔盖酒,但又嫌这种发酵酒的酒精度太低。于是,西班牙人在墨西哥根据已有的经验搭建蒸馏设备,将 Pulque 进行蒸馏处理,也得到了一种酒精度相当高的烈酒,而这就是龙舌兰酒(Agave Spirits)的雏形。特基拉是龙舌兰酒"一族"的顶峰之作,只有在墨西哥哈利斯科州特基拉镇,使用蓝色龙舌兰的根茎酿造的龙舌兰酒才有资格冠名 Tequila。

一、特基拉基础知识

　　特基拉(Tequila)是一种以墨西哥哈利斯科州特基拉镇种植的蓝色龙舌兰的根茎为原料(见图 3-13),经发酵、蒸馏、陈酿和勾兑等工艺而制成的烈酒,特基拉酒口味偏苦,苦辣之中散发着浓郁的香草、香料及龙舌兰的香气。

　　特基拉等级标准详见表 3-65。

表 3-65　特基拉的等级标准

等　级	概　念
银色 Blanco/Plata	银色特基拉是一种经短暂陈酿或未经陈酿蒸馏完成后就直接装瓶的酒。银色特基拉规定了陈酿时间上限是 30 天。银色特基拉通常拥有比较强烈的辛辣的植物香气
金色 Joven abocado	金色特基拉通常是由银色特基拉和陈年特基拉混合调制而成

续表

等　级	概　念
微陈 Reposado	Reposado 在西班牙语中为"休息"的意思,微陈特基拉要经过一定时间的橡木桶陈酿,但是一般不会超过 1 年,其风味浓厚,口感上有一定的层次感
陈年 Añejo	Añejo 在西班牙语中原义是"陈年的",陈年特基拉在橡木桶中陈酿的时间超过 1 年,而且没有上限,必须使用容量不超过 350 升的橡木桶进行陈酿,一般品质较佳的陈年特基拉所需的陈酿时间为 4—5 年

图 3-13　蓝色龙舌兰

二、特基拉的饮用

（一）净饮 Straight up

1. 饮用

饮用时,左手捏柠檬片,先舔一口盐,喝下一小杯特基拉,再咬一口柠檬,风味独特。

2. 服务

特基拉净饮时一般使用子弹杯,标准分量为 30 毫升,以盐边和柠檬片进行装饰。

（二）特基拉日出 Tequila Sunrise

1. 饮用

特基拉日出中浓烈的龙舌兰香味容易使人想起墨西哥的朝霞。20 世纪 70 年代滚石乐队的成员 Mick Jagger 在墨西哥演出时特别喜欢喝这款鸡尾酒,这使这款鸡尾酒更加出名。

2. 服务

在柯林杯中加满冰块,倒入 45 毫升的特基拉,再注入橙汁,然后沿杯壁缓缓倒入红石榴糖浆,使其沉入杯底,此时,其他原料会自然升起呈喷薄欲出状,最后用橙片挂杯装饰。

三、了解特基拉酒名品

特基拉酒名品见表 3-66。

特基拉
名品概述

表 3-66 特基拉名品

豪帅快活 Jose Cuervo	豪帅快活传统 Jose Cuervo Tradicional	索查 Sauza	索查泰莱珍 Sauza Tres Generaciones
1800 特基拉 1800 Tequila	唐胡里奥银色特基拉 Don Julio Blanco	唐胡里奥微陈特基拉 Don Julio Reposado	唐胡里奥陈年特基拉 Don JulioAnejo
懒虫 Camino	征服者 Conquistador	培恩 Patron	奥米加 Olmeca

任务
准备

以小组为单位,每组 3—4 人,准备的原料和用具如表 3-67 所示,采用角色扮演的方式,营造真实的工作情境,以酒吧服务员"我"的身份进行特基拉日出(Tequila Sunrise)服务。

表 3-67　特基拉日出服务所需原料和用具清单

特基拉 Tequila	柯林杯 Collins Glass	冰块 Ice Cubes	量酒器 Jigger	橙片 Orange Slice
橙汁 Orange Juice	红石榴糖浆 Grenadine Syrup	冰铲 Ice Scoop	酒吧服务纸巾 Bar Napkin	托盘 Clean Tray
镊子 Tweezers	咖啡杯底碟 Coffee Plate	吸管 Straw	擦杯布 Linen Glass Cloth	冰桶 Ice Bucket

任务
实施

（一）特基拉日出调制

特基拉日出的调制过程如表 3-68 所示。

表 3-68　特基拉日出的调制过程

步骤	项　目	要　领	图　示
第一步	准备	将主要原料和用具,依次放在工作台上	

续表

步骤	项　目	要　领	图　示
第二步	擦杯	左手持擦杯布一端,手心朝上;右手取杯,将杯底部放入左手手心,握住;右手将擦杯布的另一端绕起,放入杯中;右手大拇指插入杯中,其他四指握住杯子外部,左右手交替转动并擦拭杯子	
第三步	冰杯	在柯林杯中加入冰块,使酒杯冷却	
第四步	放材料	将柯林杯置于吧台上,用量酒器量取 45 毫升的特基拉倒入杯中,再注入橙汁至八九分满	
第五步	装饰	注入 15 毫升红石榴糖浆,用镊子夹取橙片挂杯,加入吸管进行装饰	
第六步	清洁	调制完毕后,随手清洁台面,养成良好的职业习惯	

Note

注入红石榴糖浆时，可以借助吧匙沿杯壁缓缓倒入，使其沉入杯底，其他原料会自然升起，呈喷薄欲出之状，不可搅拌。

（二）特基拉日出服务程序

特基拉日出的服务程序，如表3-69所示。

表 3-69   特基拉日出的服务程序

步骤	项目	要领	图示
第一步	服务	特基拉日出调制完毕后，放在托盘上，走到客人座位前，在客人右侧服务	
第二步	饮用	把一张酒吧服务纸巾摆放在客人面前的桌子上，图案正对客人。把柯林杯放在靠近客人右手边的纸巾上，大声报出酒的名字："尊敬的先生/女士，让您久等了，这是您需要的特基拉日出，请慢用！"	
第三步	销售	随时留意客人的酒杯，当注意到客人的杯子快要空了，主动询问客人是否需要再来一杯	
第四步	收台	（1）客人离开后，清理客人桌子上的空酒杯、水果装饰物和垃圾等，并将空酒杯放入洗杯机中清洗，水果装饰物和垃圾等做分类处理。 （2）对桌面进行清洁并消毒，摆好桌椅，恢复到开吧营业的状态	

任务评价和白兰地服务相同，主要从同学们的仪容仪表、酒水调制、酒水服务、学习态度和综合印象五个方面进行评价，详见表3-28"白兰地服务"工作任务评价。

一、特基拉加雪碧或苏打水之特基拉炮服务

在特基拉中加雪碧或透明的苏打水，用酒吧服务纸巾和杯垫盖上杯口，将另一杯垫放在杯底处，在桌上用力一敲，香甜的酒气随着透明的气泡奔涌，此时掀开杯盖一饮而尽。这就是特基拉炮（Tequila Boom）。

二、特基拉炮服务所需的原料和用具准备

特基拉炮服务所需的原料和用具清单如表3-70所示。

表3-70 特基拉炮服务所需的原料和用具清单

银色特基拉 Silver Tequila	古典杯 Old Fashion Glass	雪碧 Sprite	青柠片 Lime Slice
酒吧杯垫 Bar Coaster	食盐 Salt	酒吧服务纸巾 Bar Napkin	托盘 Clean Tray	量酒器 Jigger

三、特基拉炮服务程序

特基拉炮的服务程序，如表3-71所示。

表 3-71　特基拉炮的服务程序

步骤	项　目	要　领	图　示
第一步	擦杯	左手持擦杯布一端，手心朝上；右手取杯，将杯底部放入左手手心，握住；右手将擦杯布的另一端绕起，放入杯中；右手大拇指插入杯中，其他四指握住杯子外部，左右手交替转动并擦拭杯子	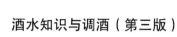
第二步	调制	将古典杯置于吧台上，用量酒器量取 45 毫升银色特基拉，倒入杯中，注入 45—90 毫升冰镇雪碧	
第三步	准备	特基拉炮调制完毕后，盖上酒吧服务纸巾和杯垫，放在托盘上，走到客人座位前，在客人右侧服务	
第四步	震杯	把一张酒吧杯垫摆放在客人面前的桌子上，图案正对客人。把古典杯放在靠近客人右手边的杯垫上，掀开酒吧服务纸巾和杯垫，撒入少许盐，放入一片青柠，再次盖上服务纸巾和杯垫，用手按住杯垫，猛震一下杯子。将酒与雪碧融合，同时将雪碧中的气泡全部震出	
第五步	服务	趁气泡没有完全消失，大声报出酒的名字："尊敬的先生／女士，让您久等了，这是您需要的特基拉炮，请慢用！"	

续表

步骤	项目	要领	图示
第六步	巡台	随时留意客人的酒杯,当注意到客人的杯子快要空了,主动询问客人是否需要再来一杯	
第七步	收台	(1) 客人离开后,清理客人桌子上的空酒杯、杯垫、垃圾等,并将空酒杯放入洗杯机中清洗,纸巾、杯垫、垃圾等做分类处理。 (2) 对桌面进行清洁并消毒,摆好桌椅,恢复到开吧营业的状态	

任务九　中国白酒服务
Chinese Baijiu Service

 任务导入

　　说起中国白酒(Chinese Baijiu),从古至今,无论是普通百姓还是达官贵人,都拒绝不了它的魅力。

　　中国白酒是以高粱、玉米、大麦、小麦、甘薯等粮谷为主要原料,以大曲、小曲或麸曲及酒母等为糖化发酵剂,经蒸煮、糖化、发酵、蒸馏、陈酿和勾兑等工艺制成的蒸馏酒。

知识
学习

一、中国白酒的分类

　　中国白酒通常按香型可分为酱香型、浓香型、清香型、米香型和兼香型等,具体如表3-72所示。

表 3-72　中国白酒的类型

类　别	概　念	代表酒品
酱香型	酱香型也称为茅香型，其酱香突出，幽雅细致，酒体醇厚，清澈透明，色泽微黄，回味悠长	茅台
浓香型	浓香型也称为泸香型，其特点可用六个字"香、醇、浓、绵、甜、净"概括；用五句话概括就是"窖香浓郁，清洌甘爽，绵柔醇厚，香味协调，尾净余长"。它以粮谷为原料，经固态发酵、贮存、勾兑而成	泸州老窖、五粮液
清香型	清香型也称为汾香型，以高粱为原料清蒸清烧、地缸发酵，具有以乙酸乙酯为主体的复合香气，清香醇正、自然谐调、醇甜柔和、绵甜净爽	汾酒、宝丰酒
米香型	米香型也称为蜜香型，以大米为原料，小曲作为糖化发酵剂，经半固态发酵酿成。其主要特征是蜜香清雅、入口柔绵、入口爽冽、回味怡畅	三花酒、湘山酒
老白干香型	老白干香型以酒色清澈透明、醇香清雅、甘洌挺拔、诸味协调而著称	衡水老白干
芝麻香型	芝麻香型以焦香、糊香气味为主，无色、清亮透明，口味比较醇厚爽口，两大创新香型之一	景芝白干
凤香型	凤香型的香与味、头与尾和调一致，属于复合香型的大曲白酒，酒液无色，清澈透明，入口甜润，醇厚丰满，有水果香，尾净味长，为喜饮烈酒者所钟爱	西凤酒
药香型	药香型清澈透明、香气典雅、浓郁甘美、略带药香、醇甜爽口、余味悠长	董酒
豉香型	以大米为原料，小曲为糖化发酵剂酿制而成。其典型风格为豉香独特、醇和甘润	玉冰烧
兼香型	兼香型以谷物为主要原料，经发酵、贮存、勾兑工艺酿制而成。其酱浓协调，细腻丰满，回味爽净，幽雅舒适，余味悠长	白云边
特香型	以大米为原料，富含复合香气，香味协调，余味悠长	四特酒
馥郁香型	以高粱、大米、糯米、玉米、小麦为原料，大小曲并用，泥窖固态发酵，清蒸清烧酿制而成，其芳香秀雅，香味馥郁	酒鬼酒

二、中国白酒的饮用

（一）用杯

1. 玻璃白酒杯

酒店和餐厅常用的白酒杯有 10 毫升、15 毫升、18 毫升和 25 毫升（见图 3-14）几种规格，饮用白酒的玻璃杯通常为无色透明的小玻璃杯，宜观酒色、闻酒香、品酒味。

2. 陶瓷白酒杯

陶瓷杯的价格高于玻璃杯，一般在会所或者私房菜馆使用（见图 3-15）。使用陶瓷杯喝白酒，追求的是一种高雅的情调，但是在观酒色和聚酒香方面，玻璃白酒杯的效果优于陶瓷白酒杯。

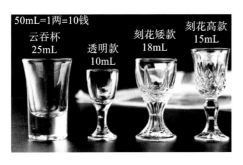

图 3-14　玻璃白酒杯

图 3-15　陶瓷白酒杯

（二）饮用方式

1. 正常饮用

白酒特香、特纯、特甘、特冽的原味由舌尖入喉,清香恣意散发,纯饮才能品酌出地道的白酒风味。

2. 温热饮用

自古便有"关公温酒斩华雄""曹操青梅煮酒论英雄"的美谈。白酒加热几分钟后,口味会更柔顺,香气也更浓郁,寒冬酌饮,一股暖流,通体舒泰。白酒烫热喝,可以将酒中甲醇等不利于人体健康的物质挥发掉一些。

三、中国白酒名品

中国白酒名品见表 3-73 所示。

知识拓展 15

中国白酒
名品概述

表 3-73　中国白酒名品

茅台酒 Moutai	五粮液 Wuliangye	洋河大曲 Yanghe Daqu	泸州老窖 Luzhou Laojiao	汾酒 Fen Jiu
郎酒 Lang Jiu	古井贡酒 Gujing Gong Jiu	西凤酒 Xifeng Liquor	董酒 Dong Jiu	剑南春 Jiannanchun Chiew

以小组为单位，每组 3—4 人，准备的原料和用具如表 3-74 所示，采用角色扮演的方式，营造真实工作情境，以酒吧服务员"我"的身份进行中国白酒正常饮用服务。

表 3-74　中国白酒正常饮用服务所需的原料和用具清单

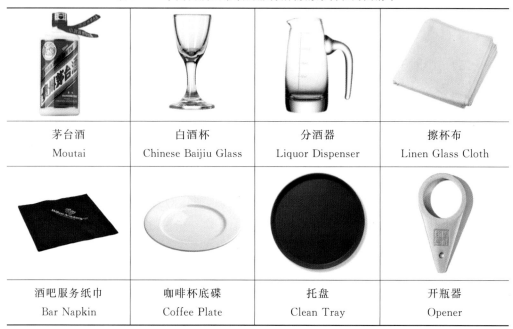

茅台酒 Moutai	白酒杯 Chinese Baijiu Glass	分酒器 Liquor Dispenser	擦杯布 Linen Glass Cloth
酒吧服务纸巾 Bar Napkin	咖啡杯底碟 Coffee Plate	托盘 Clean Tray	开瓶器 Opener

中国白酒的服务程序如表 3-75 所示。

表 3-75　中国白酒的服务程序

步骤	项　目	要　　领	图　　示
第一步	准备	根据客人数量准备相应的白酒杯和分酒器，凭小票从吧台领取中国白酒，放在托盘上，走到客人座位前，在客人右侧服务	

续表

步骤	项　目	要　　领	图　　示
第二步	上杯	将酒吧服务纸巾分别摆放在每位客人面前的桌子上,图案正对客人。把酒杯放在纸巾上	
第三步	示瓶	站在点酒客人右侧,上身向前微倾15°,左手托住白酒瓶的底部,右手扶住酒瓶上部,倾斜呈45°,酒标朝向客人,与客人的视线基本持平,并大声报出白酒的名字,请客人确认	
第四步	开酒	征得客人同意后,在客人面前打开白酒;可借助开瓶器打开外包装,保持酒盒完整,如酒盒内赠送小礼品,应立刻递送给客人;开酒瓶时,右手固定酒瓶,左手逆时针轻轻旋转瓶盖	
第五步	斟酒	左手五指张开,握住酒瓶,食指伸直,按住瓶壁,左手臂伸出,左手腕下压进行斟倒;当酒液倒至八分满后,瓶口向上微微旋转45°,收回手臂,避免酒滴在桌上,并用擦杯布擦拭瓶口	
第六步	服务	大声报出酒的名字:"尊敬的先生/女士,让您久等了,这是您需要的××白酒,请慢用!"然后将剩余的白酒倒入分酒器中	

续表

步骤	项 目	要 领	图 示
第七步	巡台	随时留意客人杯中的白酒,当注意到客人的杯子是空的的时候,主动进行添加服务,并询问客人是否需要再来一瓶	
第八步	收台	(1) 客人离开后,清理客人桌子上的空酒杯、空酒瓶和垃圾等,并将空酒杯放入洗杯机中清洗,空酒瓶和垃圾等做分类处理。 (2) 对桌面进行清洁并消毒,摆好桌椅,恢复到开吧营业的状态	

随堂测试

中国白酒
服务

任务评价

　　任务评价和白兰地服务相同,主要从同学们的仪容仪表、酒水调制、酒水服务、学习态度和综合印象五个方面进行评价,详见表 3-28"白兰地服务"工作任务评价。

任务拓展

调酒界"世界杯"来中国了! 茅台、五粮液等 8 款中国名酒亮相,成大赛"主角"

（央视财经《天下财经》）

　　2019 年 11 月 4 日—7 日,由国际调酒师协会（International Bartenders Association,简称 IBA）主办、中国酒类流通协会承办的第 68 届世界杯鸡尾酒锦标赛成功举办,300 余位来自 IBA 各会员国（或地区）的代表及全球顶级调酒师齐聚中国,在这场有"调酒界奥林匹克"之称的赛事中,调酒师们以天马行空的想象力和精湛的技艺,首次将中国白酒以鸡尾酒的形式展示给全世界,茅台、五粮液、汾酒、洋河大曲、舍得、宝丰、红星、江小白和国粹等极具代表性的白酒品牌联合表演,世界杯鸡尾酒锦标赛迎来了一次"中国式表达";同时,中国白酒也用时尚、绚丽的方式铺就了通向世界之路。

任务十　开胃酒服务
Aperitif Service

 任务导入

　　开胃酒（Aperitif）也称餐前酒，是以葡萄酒或蒸馏酒为酒基，添加植物的根、茎、叶、芽和花等调配而成的具有开胃功能的酒精饮料，开胃酒口感酸、苦、涩，可以起到生津开胃的作用。常见的开胃酒有三种：味美思（Vermouth）、比特酒（Bitter）、茴香酒（Anises）。

微课视频

开胃酒
基础知识

 知识学习

一、味美思（Vermouth）

　　味美思以葡萄酒为基酒，配入苦艾、蒿属植物，将金鸡纳树的树皮、杜松子、鸢尾草、小茴香、豆蔻、龙胆、牛至、安息香、可可豆、生姜、芦荟、桂皮、白芷、春白菊、丁香等二十多种芳香植物经蒸馏调配而成，酒精度为17%vol—20%vol。味美思按颜色和含糖量的分类详见表3-76所示。

表3-76　味美思按颜色和含糖量分类概况

类　别	概　念
干味美思 Vermouth Dry/Vermouth Secco	干味美思酒含糖量不超过4%，酒精度约为18%vol。意大利干味美思呈淡黄色，法国干味美思酒呈棕黄色
白味美思 Vermouth Blanc/Vermouth Bianco	白味美思含糖量在10%—15%，酒精度约为18%vol，色泽金黄，香气柔美，口味鲜嫩
红味美思 Vermouth Rouge/ Vermouth Rosso/ Vermouth Sweet	红味美思在调制过程中加入了焦糖调色，因此色泽棕红，有焦糖的风味，含糖量约为15%，酒精度约为18%vol
都灵味美思 Vermouth Turin/Vermouth Turino	都灵味美思的含糖量为15.5%—16%，酒精度约为18%vol，调香料用量较大，香气浓烈扑鼻，有桂香味美思（桂皮）、香味美思（金鸡纳）、苦味美思（苦味草料）等几种

Note

二、比特酒（Bitters）

比特酒也称必打士，是以葡萄酒和食用酒精为酒基，添加多种带苦味的花草及植物的茎、根、皮等制成的。比特酒的特点是苦味突出，药香气浓，有助消化、滋补和使神经兴奋的作用，酒精度一般为 18%vol—45%vol。

三、茴香酒（Anises）

茴香酒以食用酒精或烈酒为酒基，加入茴香油或甜型大茴香子制成，酒精度约为 20%vol。

四、开胃酒饮用

（一）净饮 Straight Up

将 45 毫升开胃酒倒入调酒杯中，再在调酒杯中加入半杯冰块，轻微搅拌后滤入冰镇过的马天尼杯或鸡尾酒杯中，加入柠檬卷曲装饰。

（二）混合饮用 Mixing Drink

开胃酒可以与汽水、果汁等混合饮用。以金巴利加橙汁为例，先在古典杯中加入半杯冰块，再量取 45 毫升金巴利酒，倒入杯中，加入适量橙汁，用吧匙搅拌 5 秒钟，用橙片装饰。

五、认识开胃酒名品

（一）味美思名品

味美思名品如表 3-77 所示。

表 3-77　味美思名品

仙山露 Cinzano 产地：意大利	干霞 Gancia 产地：意大利	马天尼威末酒 Martini 产地：意大利	卡帕诺 Carpano 产地：意大利	杜瓦尔 Duval 产地：法国	诺瓦丽·普拉 Noilly Prat 产地：法国

（二）比特酒名品

比特酒名品如表 3-78 所示。

表 3-78　比特酒名品

金巴利 Campari 产地:意大利	杜本纳 Dubonnet 产地:法国	飘仙一号 Pimm's No. 1 产地:英国	安哥斯特拉 Angostura 产地:特立尼达和多巴哥
菲奈特·布兰 Fernet Branca 产地:意大利	亚玛·匹康 Amer Picon 产地:法国	苏滋 Suze 产地:法国	阿佩罗 Aperol 产地:意大利

（三）茴香酒名酒

茴香酒名品如表 3-79 所示。

表 3-79　茴香酒名品

潘诺 Pernod 产地:法国	里卡尔 Ricard 产地:法国	51茴香酒 Pastis 51 产地:法国	白羊倌 Berger Blanc 产地:法国	萨布卡 Sambuca 产地:意大利	吾尊 Ouzo 产地:希腊

任务准备

　　以小组为单位，每组 3—4 人，准备的原料和用具如表 3-80 所示，采用角色扮演的方式，营造真实工作情境，以酒吧服务员"我"的身份进行味美思纯饮服务。

表 3-80　味美思纯饮服务所需的原料和用具清单

味美思 Vermouth	马天尼鸡尾酒杯 Martini Cocktail Glass	柠檬卷曲条 Lemon Twist	冰块 Ice Cubes	日式搅拌杯 Japan Mixing Glass
吧匙 Bar Spoon	量酒器 Jigger	擦杯布 Linen Glass Cloth	霍桑过滤器 Hawthorne Strainer	飓风杯 Hurricane Glass
酒吧服务纸巾 Bar Napkin	托盘 Clean Tray	冰桶 Ice Bucket	镊子 Tweezers	咖啡杯底碟 Coffee Plate

 任务实施

一、味美思纯饮调制

味美思纯饮调制过程如表 3-81 所示。

表 3-81　味美思纯饮调制过程

步骤	项目	要领	图示
第一步	准备	将主要原料和用具,依次放在工作台上	
第二步	擦杯	右手持擦杯布一端,手心朝上;左手取杯,将杯底部放入右手手心,握住;左手将擦杯布的另一端绕起,放入杯中;左手大拇指插入杯中,其他四指握住杯子外部,左右手交替转动并擦拭杯子	
第三步	冰杯	在马天尼鸡尾酒杯中加入冰块,使酒杯冷却	
第四步	放材料	将日式搅拌杯置于吧台上,用量酒器量取 45 毫升味美思,倒入杯中	
第五步	搅拌	在调酒杯中加入半杯冰块,用搅和法轻微搅拌	

续表

步骤	项　目	要　领	图　示
第六步	滤酒	鸡尾酒杯去冰,日式搅拌杯盖上霍桑过滤器,将酒滤入杯中	
第七步	装饰	用镊子夹取柠檬卷曲条挂杯装饰	
第八步	清洁	调制完毕后,随手清洁台面,养成良好的职业习惯	

 小知识

　　"鸡尾酒之王"干马天尼(Dry Martini)是广受海明威等文坛巨匠的欢迎,很多演艺明星也特别青睐这一款经典鸡尾酒。其原料是 60 毫升金酒(Gin)和 10 毫升干味美思(Dry Vermouth),然后用鸡尾酒橄榄(Olive)装饰,调制过程同味美思净饮,区别在于干马天尼要求充分搅拌金酒和味美思,直到浓郁的杜松子香味散发出来。

二、味美思纯饮服务

味美思纯饮的服务程序,如表 3-82 所示。

表 3-82　味美思纯饮的服务程序

步骤	项　目	要　领	图　示
第一步	准备	味美思调制完毕后,放在托盘上,走到客人座位前,在客人右侧服务	
第二步	服务	把一张酒吧服务纸巾摆放在客人面前的桌子上,图案正对客人。把马天尼鸡尾酒杯放在纸巾上,大声报出酒的名字:"尊敬的先生/女士,让您久等了,这是您需要的××味美思,请慢用!"	
第三步	巡台	随时留意客人的酒杯,当注意到客人的杯子快要空了,主动询问客人是否需要再来一杯	
第四步	收台	(1) 客人离开后,清理客人桌子上的空酒杯、水果装饰物和垃圾等,并将空酒杯放入洗杯机中清洗,水果装饰物和垃圾等做分类处理。 (2) 对桌面进行清洁并消毒,摆好桌椅,恢复到开吧营业的状态	

任务评价

　　任务评价和白兰地服务相同,主要从同学们的仪容仪表、酒水调制、酒水服务、学习态度和综合印象五个方面进行,详见表 3-28"白兰地服务"工作任务评价。

任务拓展

金巴利加橙汁服务 Campari & Orange Juice

（一）原料和用具准备

金巴利加橙汁服务所需的原料和用具清单如表 3-83 所示。

表 3-83　金巴利加橙汁服务所需的原料和用具清单

金巴利 Campari	古典杯 Old Fashioned Glass	冰块 Ice Cubes	量酒器 Jigger	冰桶 Ice Bucket
橙汁 Orange Juice	冰铲 Ice Scoop	半个橙片 Half Orange Slice	酒吧服务纸巾 Bar Napkin	托盘 Clean Tray
镊子 Tweezers	吸管 Straw	擦杯布 Linen Glass Cloth	咖啡杯底碟 Coffee Plate	

（二）金巴利加橙汁调制

金巴利加橙汁的调制过程如表 3-84 所示。

表 3-84 金巴利加橙汁的调制过程

步骤	项 目	要 领	图 示
第一步	准备	将主要原料和用具,依次放在工作台上	
第二步	擦杯	左手持擦杯布一端,手心朝上;右手取杯,将杯底部放入左手手心,握住;右手将擦杯布的另一端绕起,放入杯中;右手大拇指插入杯中,其他四指握住杯子外部,左右手交替转动并擦拭杯子	
第三步	冰杯	在古典杯中加入冰块,使酒杯冷却	
第四步	放材料	将古典杯置于吧台上,用量酒器量取 45 毫升金巴利,倒入杯中,注入冰镇橙汁至八九分满	
第五步	装饰	用镊子夹取半个橙片挂杯,夹取吸管入杯装饰	

续表

步骤	项　目	要　　领	图　　示
第六步	清洁	调制完毕后，随手清洁台面，养成良好的职业习惯	

（三）金巴利加橙汁服务

金巴利加橙汁的服务程序，详见表3-85所示。

表 3-85　金巴利加橙汁的服务程序

步骤	项　目	要　　领	图　　示
第一步	准备	金巴利加橙汁调制完毕后，放在托盘上，走到客人座位前，在客人右侧服务	
第二步	服务	把一张酒吧服务纸巾摆放在客人面前的桌子上，图案正对客人。把金巴利加橙汁放在纸巾上，大声报出酒的名字："尊敬的先生/女士，让您久等了，这是您需要的金巴利加橙汁，请慢用！"	
第三步	巡台	随时留意客人的酒杯，当注意到客人的杯子快要空了，主动询问客人是否需要再来一杯	

续表

步骤	项目	要领	图示
第四步	收台	（1）客人离开后，清理客人桌子上的空酒杯、水果装饰物和垃圾等，并将空酒杯放入洗杯机中清洗，水果装饰物和垃圾等做分类处理。 （2）对桌面进行清洁并消毒，摆好桌椅，恢复到开吧营业的状态	

任务十一　利口酒服务
Liqueur Service

任务导入

利口酒（Liqueur）又称为餐后甜酒，又称 Cordial，是以葡萄酒、食用酒精或蒸馏酒为基酒调入树根、果皮、花叶、香料等芳香原料，经过浸泡、蒸馏、陈酿等生产工艺，用甜化剂配制而成的酒精饮料。利口酒色泽娇艳、气味芳香，有较好的助消化功能，主要在餐后饮用或者用来调制鸡尾酒。

一、利口酒种类

利口酒的种类如表 3-86 所示。

表 3-86　利口酒的种类

类　别	概　念	常见品种
水果利口酒	以水果为原料制成的利口酒	柑橘类、樱桃和浆果类、桃和杏类、异域水果
蔬菜、药草和香料利口酒	以蔬菜、药草和香料为原料制成的利口酒	八角和大茴香子类、仙人掌类、莳萝和葛缕子类、蜂蜜类以及其他植物和药草类

随堂测试
▼

开胃酒服务

微课视频
▼

利口酒基础知识

续表

类　别	概　念	常见品种
坚果、豆、牛奶和鸡蛋利口酒	以坚果、豆、牛奶和鸡蛋为原料制成的利口酒	杏仁类、榛子类、椰子类、咖啡类、巧克力类、鸡蛋类、牛奶类和奶油类
威士忌利口酒	以威士忌为基酒制成的利口酒	杜林标、爱尔兰之雾
白兰地利口酒	以白兰地为基酒制成的利口酒	夏朗德皮诺、蛋黄酒
金酒利口酒	以金酒为基酒制成的利口酒	黑刺李酒
朗姆利口酒	以朗姆酒为基酒制成的利口酒	甘露咖啡酒、添万利

二、利口酒饮用

（一）纯饮 Straight Up

1. 饮用

利口酒餐后纯饮可以助消化。果实类、草本类、奶油类利口酒最好冰镇后饮用，种子类利口酒宜常温下饮用。

2. 服务

利口酒纯饮时一般使用利口酒杯，每杯标准分量为 30 毫升。

（二）加冰 On The Rocks

1. 饮用

冰和酒相互融合，香气更加清爽，酒精度也可以适当降低。

2. 服务

在古典杯中加入大颗冰块，将 45 毫升利口酒缓缓倒入酒杯中，服务和白兰地的相同，详见表 3-28。

（三）混饮 Mixing Drinks

1. 饮用

利口酒的糖度很高，可以加入雪碧、苏打水、柠檬水、菠萝汁等混合饮用。

2. 服务

在古典杯中加入半杯冰块，倒入 45 毫升利口酒，根据客人需求加入适量雪碧、苏打水、柠檬水或菠萝汁等，用水果片进行装饰，服务和开胃酒相同，详见表 3-85。

（四）五色彩虹鸡尾酒 Rainbow 5♯

1. 饮用

五色彩虹鸡尾酒是根据不同原料酒的密度不同而设计的，这类鸡尾酒可以先点火燃烧上层酒精，然后，再一层一层品尝不同酒的风味。

2. 服务

在利口酒杯中依次加入 5 毫升红石榴糖浆、5 毫升波士樱桃白兰地、5 毫升法国葫芦绿薄荷酒、5 毫升君度利口酒和 5 毫升大将军白兰地，调出五色彩虹鸡尾酒。

三、利口酒名品

利口酒名品如表 3-87 所示。

知识拓展17

▼

利口酒
名品概述

表 3-87　利口酒名品

蛋黄酒 Advocaat	帝萨诺 杏仁利口酒 Disaronno	班尼狄克丁 Benedictine D. O. M	修道院酒 Chartreuse	皇家香博利口酒 Chambord
咖啡利口酒 Coffee Liqueur	君度利口酒 Cointreau Liqueur	黑加仑利口酒 Crème de Cassis	薄荷利口酒 Creme de Menthe	可可利口酒 Creme de Cacao
库拉索酒 Curacao	杜林标 Drambuie	加里安奴 Galliano	百利甜 baley's	金万利 Grand Marnier
野格利口酒 Jagermeister	甘露咖啡甜酒 Kahlua	拿破仑柑橘利口酒 Mandarine Napoleon	彼得·喜宁 Peter Heering	金馥利口酒 Southern Comfort

任务准备

以小组为单位，每组 3—4 人，准备的原料和用具如表 3-88 所示，采用角色扮演的方式，营造真实工作情境，以酒吧服务员"我"的身份进行五色彩虹鸡尾酒（Rainbow 5♯）服务。

表 3-88　五色彩虹鸡尾酒服务所需的原料和用具清单

红石榴糖浆 Grenadine Syrup	波士樱桃白兰地 Bols Cherry Brandy	法国葫芦绿薄荷酒 GET27 Menthe Green	君度利口酒 Cointreau Liqueur	大将军白兰地 Napoleon VSOP
利口酒杯 Liqueur Glass	吧匙 Bar Spoon	冰桶 Ice Bucket	量酒器 Jigger	
酒吧服务纸巾 Bar Napkin	托盘 Clean Tray	擦杯布 Linen Glass Cloth	咖啡杯底碟 Coffee Plate	

任务实施

一、五色彩虹鸡尾酒调制

五色彩虹鸡尾酒调制过程如表 3-89 所示。

表 3-89 五色彩虹鸡尾酒的调制过程

步骤	项 目	要 领	图 示
第一步	准备	将主要原料和用具,依次放在工作台上	
第二步	加红石榴糖浆	右手大拇指和其余四指捏住量酒器,手臂缓缓向上抬起,让5毫升红石榴糖浆均匀流入或滴入利口酒杯中	
第三步	清洗、擦拭量酒器	(1) 右手大拇指和四指环握量酒器大头端,将量酒器放入清洗桶中,右手顺时针转动量酒器进行清洗。 (2) 右手大拇指和其余四指捏住量酒器,左手掀起擦杯布一角并将大拇指塞进量酒器,右手大拇指和食指对量酒器进行擦拭	
第四步	添加法国葫芦绿薄荷酒	左手大拇指、食指和中指捏住吧匙的中部,将吧匙贴紧杯壁,右手大拇指和其余四指分开捏住量酒器,手臂缓缓向上抬起,让5毫升法国葫芦绿薄荷酒沿着吧匙慢慢、均匀地流入或滴入利口酒杯中	
第五步	清洗、擦拭量酒器和吧匙	(1) 右手大拇指和四指环握量酒器大头端,左手大拇指、食指和中指捏住吧匙的中部,将量酒器和吧匙放入清洗桶中,右手顺时针转动量酒器,左手逆时针转动吧匙进行清洗。 (2) 右手握住量酒器,左手大拇指、食指和中指捏住吧匙的中部,将吧匙放于擦杯布的一角,右手用大拇指和食指掀起擦杯布角擦拭吧匙。 (3) 擦拭量酒器同第三步	

微课视频
▼

五色彩虹
调制

续表

步骤	项　目	要　领	图　示
第六步	添加波士樱桃白兰地	左手大拇指、食指和中指捏住吧匙的中部，将吧匙贴紧杯壁，右手大拇指和其余四指分开捏住量酒器，手臂缓缓向上抬起，让5毫升波士樱桃白兰地沿着吧匙慢慢、均匀地流入或滴入利口酒杯中	
第七步	量酒器、吧匙清洗擦拭	要领和图示同第五步	
第八步	君度利口酒	用左手大拇指、食指和中指捏住吧匙的中部，将吧匙贴紧杯壁，右手大拇指和其余四指分开捏住量酒器，手臂缓缓向上抬起，让5毫升君度利口酒沿着吧匙慢慢、均匀流入或滴入利口酒杯中	
第九步	量酒器、吧匙清洗擦拭	要领和图示同第五步	
第十步	大将军白兰地	用左手大拇指、食指和中指捏住吧匙的中部，将吧匙贴紧杯壁，右手大拇指和其余四指分开捏住量酒器，手臂缓缓向上抬起，让5毫升大将军白兰地酒沿着吧匙慢慢、均匀地流入或滴入利口酒杯中	

续表

步骤	项　目	要　领	图　示
第十一步	清洁	调制完毕后，随手清洁台面，养成良好的职业习惯	

二、五色彩虹鸡尾酒服务

五色彩虹鸡尾酒的服务程序，详见表 3-90 所示。

表 3-90　五色彩虹鸡尾酒的服务程序

步骤	项　目	要　领	图　示
第一步	准备	五色彩虹鸡尾酒调制完毕后，放在托盘上，走到客人座位前，在客人右侧服务	
第二步	服务	把一张酒吧服务纸巾摆放在客人面前的桌子上，图案正对客人。把五色彩虹鸡尾酒放在纸巾上，大声报出酒的名字："尊敬的先生/女士，让您久等了，这是您需要的五色彩虹鸡尾酒，请慢用！"	
第三步	巡台	随时留意客人的酒杯，当注意到客人的杯子快要空了，主动询问客人是否需要再来一杯	
第四步	收台	（1）客人离开后，清理客人桌子上的空酒杯、垃圾等，并将空酒杯放入洗杯机中清洗，垃圾等做分类处理。 （2）对桌面进行清洁并消毒，摆好桌椅，恢复到开吧营业的状态	

Note

任务评价

任务评价和白兰地服务相同，主要从同学们的仪容仪表、酒水调制、酒水服务、学习态度和综合印象五个方面进行，详见表 3-28"白兰地服务"工作任务评价。

任务拓展

利口酒纯饮(Straight Up)服务

（一）原料和用具准备

利口酒纯饮服务所需的原料和用具清单如表 3-91 所示。

表 3-91　利口酒纯饮服务所需的原料和用具清单

利口酒 Liqueur	利口酒杯 Liqueur Glass	酒吧服务纸巾 Bar Napkin	擦杯布 Linen Glass Cloth
托盘 Clean Tray	量酒器 Jigger	咖啡杯底碟 Coffee Plate	

（二）利口酒服务

利口酒纯饮服务程序，如表 3-92 所示。

表 3-92　利口酒纯饮的服务程序

步骤	项　目	要　领	图　示
第一步	擦杯	左手持擦杯布一端,手心朝上;右手取杯,将杯底部放入左手手心,握住;右手将擦杯布的另一端绕起,放入杯中;右手大拇指插入杯中,其他四指握住杯子外部,左右手交替转动并擦拭杯子	
第二步	倒酒	将利口酒杯置于吧台上,将 30 毫升利口酒倒入杯中至九分满	
第三步	准备	利口酒调制完毕后,放在托盘上,走到客人座位前,在客人右侧服务	
第四步	服务	把酒吧服务纸巾摆放在客人面前的桌子上,图案正对客人。把利口酒杯放在纸巾上,大声报出酒的名字:"尊敬的先生/女士,让您久等了,这是您需要的××利口酒,请慢用!"	
第五步	巡台	随时留意客人的酒杯,当注意到客人的杯子快要空了,主动询问客人是否需要再来一杯	
第六步	收台	(1) 客人离开后,清理客人桌子上的空酒杯、垃圾等,并将空酒杯放入洗杯机中清洗,垃圾等做分类处理。 (2) 对桌面进行清洁并消毒,摆好桌椅,恢复到开吧营业的状态	

随堂测试

利口酒
服务

项目四
努力终有收获——升职
为一名调酒师

项目概述

本项目从学习营业前开吧准备入手,首先让读者对调酒师工作内容有一个初步了解,然后通过营业中经典鸡尾酒调制与服务,让读者了解酒吧调酒师的工作流程和服务规范,最后对营业后酒吧的清理及酒水的盘存进行详细介绍。

项目目标

知识目标

1. 能通过中英文识别酒水领取申请表、酒吧酒水盘存表的主要内容、酒吧的主要设备、酒吧清理"三桶系统"项目。

2. 能说出长岛冰茶、古典、尼克罗尼、大都会、霜冻莫吉托、玛格丽特加冰、柠檬糖马天尼的故事和酒谱、调制与服务所需原料和工具。

3. 能解说营业前开吧准备,如酒吧摆设标准、领取酒水的工作流程、补充酒水注意事项、酒吧设备的使用与维护方法、酒水简易分类、营业后酒吧清理工作内容、酒吧酒水盘存程序和酒吧清理"三桶系统"操作要领。

能力目标

能够按照规范的标准和流程,进行营业前开吧准备、营业中鸡尾酒调酒与服务、营业后酒吧清理和酒水盘存。

素质目标

1. 培养学生规范操作的标准意识。
2. 树立热情友好、宾客至上的服务理念。
3. 注重安全卫生和出品品质,培养高度责任心。
4. 通过学习鸡尾酒背后的故事和知识,提高学生对酒文化的认知。
5. 弘扬精技,培养学而不厌的工匠精神。
6. 培养爱岗敬业、诚实守信、遵纪守法、廉洁奉公的职业道德。

任务一　营业前开吧准备
Open The Bar

任务导入

　　2007 年,我应聘上了皇家加勒比国际邮轮调酒师,带着对未来的憧憬和对调酒事业的热爱,我开始了我的调酒师之路。我是一名中国调酒师(I am a chinese bartender),我很想让家人朋友了解这份职业,我也懂得这是坚持才能赢得的尊重,我很想让每位酒客满意,得到每位酒客的认可,我也懂得除了练就技艺,我更需要服务精神,我很想在各种调酒大赛中一战成名,我也懂得吧台才是调酒师真正的舞台,路还很长,通往成功的捷径就是脚踏实地……

知识学习

一、营业前开吧准备

　　营业前开吧准备包括调酒工具和酒杯摆设、陈列酒水、领取和补充酒水、酒吧设备的使用和维护。

二、调酒工具和酒杯摆设

　　酒吧调酒工具和酒杯摆设遵循美观大方、方便工作和专业性强的原则,摆设标准如图 4-1、图 4-2、图 4-3、图 4-4 所示。

　　(1)酒吧点单销售电脑。

　　(2)纸巾吸管盒——存放酒吧服务纸巾、吸管、搅拌棒。

　　(3)装饰物盒——存放柠檬片、樱桃、菠萝片等水果装饰物。

　　(4)垃圾桶——分类存放空酒瓶、空酒罐,以及用过的纸巾、吸管等酒吧垃圾,调酒师在营业过程中要随时留意更换垃圾袋,以保证酒吧正常运转。

　　(5)酒吧滤水垫——用于清洗后的用具沥水。

　　(6)搅拌杯——用于搅和法鸡尾酒调制。

　　(7)果汁槽——存放鸡尾酒果汁,槽里需要放置碎冰,用来冰镇果汁。

　　(8)量酒器——酒水度量工具,酒吧客人喜欢在吧台点酒水,为了避免客人碰到量酒器,通常将其放置于左手边操作台的滤水垫上。

　　(9)滤冰器——放置于吧左手边操作台的滤水垫上。

图 4-1　酒吧营业前开吧准备全景图

图 4-2　酒吧吧台调酒工具摆设（1）

（10）特饮鸡尾酒——酒吧销量大的特饮鸡尾酒，调酒师根据每日销售报表批量调制存放于左手边操作台上，能有效保证出品的速度。

（11）古典杯——存放于中间操作台，方便两边调酒师取用。

（12）长饮杯——存放于中间操作台，方便两边调酒师取用。

（13）巧克力酱——用于制作装饰物巧克力漩涡 Chocolate Swirl，和特饮鸡尾酒 Frozen Mudslide 一起放置于搅拌机旁边的操作台。

（14）冰沙搅拌机——放置于专用凹槽中，用于调制冰沙鸡尾酒。

（15）平台冷柜——存放果汁、水果装饰物等鸡尾酒辅料。

（16）搅拌杯——一个放置于搅拌机槽内，一个放置于左边操作台的滤水垫上。

图 4-3　酒吧吧台调酒工具摆设（2）

图 4-4　吧台酒杯摆设

（17）酒水单——放置于吧台，方便客人点单。

（18）波士顿摇酒壶——左手边操作台的滤水垫上。

（19）水槽——清洗调酒用具。

（20）苏打枪——可以输出可乐、雪碧、苏打水、汤力水等碳酸饮料。

（21）带酒嘴酒瓶——放置于酒槽内，提升倒酒速度。

（22）双层酒槽——用来放置六大基酒和常用酒水，提升取酒速度。

（23）工具桶——放置于冰槽和果汁槽之间。

（24）捣碎棒——放置于工具桶中。

（25）冰铲桶和冰铲——放置于酒槽中。

（26）消毒水白色桶——放置于吧台内的地面，随时清理吧台和操作台。

（27）香槟杯——放置于后吧左侧，使用频率非常低。

（28）白葡萄酒杯——放置于后吧左侧，使用频率较低。

（29）红酒杯——放置于后吧左侧，使用频率低。

（30）鸡尾酒杯——放置于后吧台中间，使用频率高。

（31）长饮杯——放置于后吧台中间，使用频率高。

（32）古典杯——放置于后吧台中间，使用频率高。

（33）纪念杯——放在后吧正中间，方便客人购买。

小经验

　　我第一次做调酒师时，认为调酒工具和酒杯摆设是固定不变的，所以我用相机记录了摆放标准，第二天当班时，我在开吧前一个小时便开始准备，按照照片的标准一一复原。随着调酒师工作的不断熟练，我意识到调酒工具和酒杯摆设会随着酒吧的结构不同，以及调酒师工作能力和习惯而有所调整，但是遵循美观大方、便捷和专业性强的原则是恒久不变的。

三、陈列酒水

营业前开吧酒水陈列包括展示柜酒水和酒槽酒水摆设。

（一）展示柜酒水

　　酒吧展示柜酒水按金酒、伏特加、威士忌、白兰地、朗姆酒、特基拉和利口酒分类摆放，酒标正面应朝向客人，如图4-5和图4-6所示。

图 4-5　展示柜酒水摆设（正面）

图 4-6　展示柜酒水摆设（反面）

（二）酒槽酒水摆设

酒吧工作台酒槽酒水摆设上层为基酒，下层为利口酒、开胃酒和糖浆，酒标正面应朝向调酒师，开吧时瓶口插上酒嘴，见图 4-7 所示。

图 4-7　酒槽酒水摆设

四、领取、补充酒水

（一）领取酒水的工作流程

1. 填写酒水领取申请表

营业后的收吧清理及酒水盘存的调酒师，以标准存货量为依据；参考酒吧销售日报表，在电脑上填写酒水领取申请表，详见表 4-1。

表 4-1　酒吧酒水领取申请表

产品编号 （Product ♯）	产品名称 （Product Name）	申领数量 （Order Quantity）	单价 （Expected Deliv. Price）	酒吧库存 （On Hand）	酒水调拨 （In Transit）	酒店库存 （Available）	库房名称 （Storage Name）
99PRD010204	可可利口酒 Creme de Cacao	1	$ 3.59	8	0	25	酒店一层酒水库房 DK1-Liquor Store
99PRD010205	杜林标 Drambuie	2	$ 10.85	7	0	17	酒店一层酒水库房 DK1-Liquor Store
99PRD010206	金万利 Grand Marnier	2	$ 15.79	7	0	17	酒店一层酒水库房 DK1-Liquor Store
…	…	…	…	…	…	…	…

2. 酒吧酒水领取申请表的内容

酒吧酒水领取申请表主要填写内容如下：

- 产品编号（Product ♯）——酒吧酒水编码；
- 产品名称（Product Name）—— 酒水全名和规格大小；
- 申领数量（Order Quantity）——酒吧计划领取的酒水数量；
- 单价（Expected Deliv. Price）——酒水的进货价格；
- 酒吧库存（On Hand）——酒吧货品数量；
- 酒水调拨（In Transit）——从其他酒吧调拨酒水数量；
- 库存（Available）——仓库库存数量，便于酒吧经理随时查看有无领货可能，及时补充仓库库存，以满足酒吧营业需求；
- 库房名称（Storage Name）——酒店库房众多，调酒师应熟悉领取酒水的库房位置。

3. 酒水领取申请的确认与分发

酒水领取申请提交酒水部经理审核确认后，酒吧领班统一打印，分发到各个酒吧。

4. 领货

调酒师、酒吧服务员或吧员根据仓库规定的领货时间，系上安全腰带，带着酒吧推车和酒水领取申请表到指定仓库领货。

5. 核对

领取酒水时要仔细核对酒水名称、数量。

6. 确认及运货

核对无误后,酒吧工作人员在申请表上签字确认,方可将酒水运回酒吧。

（二）补充酒水

遵循先进先出的原则和酒吧酒水服务的标准,将领取的酒水分类补充到酒柜、酒架和雪柜中,见图4-8。补充酒水时要轻拿轻放,避免造成破损;要及时检查酒水的保质期;酒水补充完毕后,当班调酒师应在酒水盘存表中如实填写领入数,以确保营业后盘存的真实性。

图4-8 补充啤酒入雪柜

五、酒吧主要设备的使用与维护

调酒师应保证酒吧设备的正常运行,督促酒吧服务员或吧员完成冰箱、葡萄酒柜、电动搅拌机、制冰机和洗杯机等酒吧设备的日常维护。酒吧常用设备如表4-2所示。

表4-2 酒吧常用设备

葡萄酒柜 Wine Cooler	制冰机 Ice Machine	洗杯机 Glass Washing Machine	电动搅拌机 Blender Machine
碎冰机 Crushed Ice Machine	冰箱 Refrigerator	扎啤机 Draught Beer Machine	冰杯机 Glass Chiller

以小组为单位，每4人为一个小组，采用吧员、酒吧服务员、调酒师和酒吧领班角色扮演的方式，分工协作营造真实工作情境，以酒吧调酒师"我"的身份开始营业前的开吧准备。

任务分工如下：

（1）酒吧领班制定酒吧开吧工作检查表，督促酒吧准点开吧并按照标准设置。

（2）调酒师负责调酒工具和酒杯、陈列酒水摆设；指导酒吧服务员和吧员完成工作任务。

（3）吧员负责领取、补充酒水。

（4）酒吧服务员负责主要设备的日常使用与维护。

营业前开吧准备流程如图4-9所示。

图4-9　营业前开吧准备流程

一、仪容仪表检查

酒吧工作人员每日上岗前必须对自己的仪容仪表进行修饰，做到制服干净整洁、熨烫挺括、合身，工鞋干净，工作中站姿、走姿优美，要有明朗的笑容。

二、工具和酒杯摆设

按照规范的程序和标准摆放调酒工具和酒杯。

三、陈列酒水摆设

展示柜酒水、酒槽酒水和吧台特饮酒水按照规范的程序和标准进行摆设。

四、领取酒水

根据仓库规定的领货时间，系上安全腰带，带着酒吧推车和酒水申请表等到指定仓库领货；领取酒水时要仔细核对酒水名称、数量；核对无误后，在申请表上签字确认，将酒水运回酒吧。

五、补充酒水

遵循先进先出的原则和酒吧酒水服务标准,将领取的酒水分类补充到酒柜、酒架和雪柜中。

六、设备使用与维护

按照规范的标准和流程,进行冰箱、葡萄酒柜、电动搅拌机、制冰机和洗杯机等酒吧设备的日常使用与维护,保证机器设备的正常运作。

七、检查调整

调酒师确认开吧符合标准后,再报告酒吧领班检查,酒吧领班对照检查表,依据发现的问题及时调整,并拟订有针对性的酒吧业务知识和技能培训计划,对组员进行培训,提高管理效能。

任务评价

任务评价主要从同学们的仪容仪表、酒吧卫生、物料准备、设备检查、学习态度和综合印象几个方面进行,详见表 4-3 所示。

表 4-3　"营业前开吧准备"任务评价表

任务	M 测量 J 评判	标准名称或描述	权重	评分 示例	组号 ___	组号 ___
仪容 仪表	M	制服干净整洁、熨烫挺括、合身,符合行业标准	2	Y/N		
	M	鞋子干净且符合行业标准	2	Y/N		
	M	男士修面,胡须修理整齐;女士淡妆,身体部位没有可见标记	2	Y/N		
	M	发型符合职业要求	2	Y/N		
	M	不佩戴过于醒目的饰物	1	Y/N		
	M	指甲干净整洁,不涂有色指甲油	1	Y/N		
酒吧 卫生	M	100PPM 消毒水白色桶准备	3	Y/N		
	M	清理、消毒展示酒柜	3	Y/N		
	M	洗刷、消毒储冰槽、水槽、果汁槽和酒槽	3	Y/N		
	M	擦净、消毒不锈钢设施	3	Y/N		
	M	清理、消毒操作台并标准摆放	3	Y/N		
	M	摇酒壶、冰夹、吧匙清洗干净	3	Y/N		
	M	装饰物盒消毒、水果装饰物装好备用	3	Y/N		

续表

任务	M 测量 J 评判	标准名称或描述	权重	评分 示例	组号 ___	组号 ___
酒吧 卫生	M	擦净、消毒吧台台面、吧椅和吧台装饰物	3	Y/N		
	M	擦干净酒杯	3	Y/N		
	M	垃圾桶已套垃圾袋	3	Y/N		
物料 准备	M	从仓库领取酒水到酒吧	3	Y/N		
	M	吸管、搅拌棒、鸡尾酒签和纸巾装好	3	Y/N		
	M	展示柜酒水按标准摆设	3	Y/N		
	M	各式酒杯按标准摆设	3	Y/N		
	M	调酒工具按标准摆设	3	Y/N		
	M	酒槽酒水按标准摆设	3	Y/N		
	M	榨好柠檬汁、备好柠檬及其浓缩汁	3	Y/N		
	M	酒柜补满酒水、饮料	3	Y/N		
	M	冰块是否足够	3	Y/N		
设备 检查	M	制冰机正常运作	3	Y/N		
	M	冰箱正常运作	3	Y/N		
	M	葡萄酒柜正常运作	3	Y/N		
	M	洗杯机正常运作	3	Y/N		
	M	搅拌机正常运作	3	Y/N		
学习 态度	J	学习态度有待调整，被动学习，延时完成学习任务	15	5		
		学习态度较好，按时完成学习任务		10		
		学习态度认真，学习方法多样，积极主动		15		
综合 印象	J	在所有任务中状态一般，当发现任务具有挑战性时表现为不良状态	5	1		
		在执行所有任务时保持良好的状态，看起来很专业，但稍显不足		2		
		在执行任务中，始终保持出色的状态标准，整体表现非常专业		3		

选手用时：

裁判签字：　　　　　　　　　　　　　　　　　　　　年　　月　　日

学习酒水分类

　　酒水是一切含酒精与不含酒精饮料的统称。酒水按照其是否含有酒精可分为两大类:一类是酒精饮料;另一类是无酒精饮料。

酒吧中,酒精饮料包括发酵酒、蒸馏酒及配制酒三类;无酒精饮料有果蔬汁饮料、碳酸饮料、风味糖浆和矿泉水四类,如表4-4所示。

随堂测试
▼

营业前
开吧准备

表4-4　酒水分类

类别	概念	品种	概述	酒吧产品
酒精饮料	酒精饮料是酒精度在0.5%vol及以上的饮料	发酵酒 Fermented Alcoholic Drink	发酵酒是借助酵母的作用,将含淀粉和糖质原料的物质进行发酵,产生酒精成分而形成酒	啤酒 Beer 葡萄酒 Wine 甜食酒 Dessert Wine
		蒸馏酒 Distilled Liquor	蒸馏酒又称烈酒,是指将发酵酒加以蒸馏提纯,然后经过冷凝处理而获得的乙醇纯度较高的液体	白兰地 Brandy 威士忌 Whisky 伏特加 Vodka 朗姆酒 Rum 金酒 Gin 特基拉 Tequila 中国白酒 Chinese Baijiu
		配制酒 Integrated Alcoholic Beverages	配制酒是指以酿造酒、蒸馏酒或食用酒精为基酒,配以一定比例的可食用辅料(如花、果、动植物、中药材等)或食品添加剂(如着色剂、甜味剂、香精等)进行调配、混合或再加工制成的,并改变了其原基酒风格的饮料酒	开胃酒 Aperitif 利口酒 Liqueur 鸡尾酒 Cocktail
无酒精饮料	无酒精饮料是酒精度在0.5%vol以下的饮料	碳酸饮料 Soda	碳酸饮料是对在经过纯化的饮用水中压入二氧化碳气体的饮料的总称,又称汽水	果味型 Fruity Type 果汁型 Fruit Juice Type 可乐型 Cola Type 低热量型 Low Calorie Type
		果汁饮料 Juice	果汁饮料是以水果为原料,通过物理方法如压榨、离心、萃取等得到的汁液产品	天然果汁 Natural Fruit Juice 浓缩果汁 Concentrated Juice 鲜榨果汁 Fresh Juice 调和果汁 Mixed Juice
		风味糖浆 Flavor Syrup	风味糖浆是指以液态糖为基底、加入水果萃取物与食用香精以增加饮品风味的糖浆	咖啡糖浆 Coffee Syrup 调酒糖浆 Bartending Syrup
		矿泉水 Mineral Water	矿泉水是从地下深处自然涌出的或经人工揭露的、未受污染的地下矿水	天然矿泉水 Natural Mineral Water

微课视频
▼

长岛冰茶
调制

任务二　长岛冰茶 Long Island Iced Tea 的调制与服务

任务导入

　　根据 IBA 国际调酒师协会《当代经典鸡尾酒》一书中记载，20 世纪二三十年代美国实行禁酒令期间，美国纽约长岛地下酒吧的调酒师们，常偷偷把烈酒与可口可乐混合在一起调成红茶的颜色，谎称卖的是冰茶，出售给酒客，以瞒过稽查员，无意间一款经典的鸡尾酒长岛冰茶就这样诞生了，1972 年，来自纽约长岛橡树滩酒馆（Oak Beach Inn）的调酒师鲍勃·巴特（Bob Butt）参加了全美调酒大赛，他用橙味利口酒对长岛冰茶的配方进行了创新，并且把它作为橡树滩酒馆的招牌鸡尾酒，从而大获成功。20 世纪 70 年代中期，长岛的每一家酒吧都在供应这款酒。到了 20 世纪 80 年代，长岛冰茶风靡全球，成为一款世界级经典鸡尾酒。

知识学习

　　长岛冰茶（Long Island Iced Tea）如图 4-10 所示，其国际酒谱如图 4-11 所示，包括成品标准、载杯、调制方法、装饰物、配方和调制过程。

LONG ISLAND ICED TEA
GLASS：Pint
TECHNIQUE：Build
GARNISH：Half Lemon Slice or Lemon Wedge
INGREDIENTS:
15 mL　Absolut Vodka
15 mL　Jose Cuervo Gold Tequila
15 mL　Bombay Sapphire Gin
15 mL　Bacardi Superior White Rum
15 mL　Vedrenne Curacao Triple Sec
30 mL　Sweet & Sour
Top with Coca Cola
Mixology：Build top 6 ingredients over ice in glass. Top with coke.

图 4-10　长岛冰茶　　　　　　　　　图 4-11　长岛冰茶国际酒谱

任务
准备

　　以小组为单位,每组 3—4 人,准备原料和用具如表 4-5 所示,采用角色扮演的方式,营造真实工作情境,以调酒师"我"的身份为客人调制长岛冰茶并进行长岛冰茶服务。

表 4-5　长岛冰茶调制与服务所需的原料和用具清单

绝对伏特加 Absolut Vodka	豪帅金特基拉 Jose Cuervo Gold Tequila	百加得白朗姆酒 Bacardi Superior White Rum	蓝宝石金酒 Bombay Sapphire Gin	维德兰三干 橙味利口酒 Vedrenne Curacao Triple Sec
调酒客甜酸汁 Finest Sweet & Sour Mix	可口可乐 Coca Cola	柠檬 Lemon	冰块 Ice Cubes	酒水单 Drink Menu
品脱杯 Pint Glass	量酒器 Jigger	冰桶 Ice Bucket	冰铲 Ice Scoop	吧匙 Bar Spoon

续表

擦杯布 Linen Glass Cloth	镊子 Tweezers	酒吧服务纸巾 Bar Napkin	吸管 Straw	账单夹、笔 Check Presenters、 Pen
托盘 Clean Tray	咖啡杯底碟 Coffee Plate			

任务实施

一、长岛冰茶调制

长岛冰茶的调制过程如表 4-6 所示。

表 4-6　长岛冰茶的调制过程

步骤	项　目	要　领	图　示
第一步	准备	将原料和用具，依次放在工作台上	

续表

步骤	项　目	要　领	图　示
第二步	擦杯	左手持擦杯布一端，手心朝上；右手取杯，将杯底部放入左手手心，握住；右手将擦杯布的另一端绕起，放入杯中；右手大拇指插入杯中，其他四指握住杯子外部，左右手交替转动并擦拭杯子	
第三步	加冰	在品脱杯中加入冰块至八分满	
第四步	放材料	（1）将品脱杯平放于调酒操作台上。 （2）依次量入蓝宝石金酒、绝对伏特加、百加得白朗姆酒、豪帅金特基拉、维德兰三干橙味利口酒、调酒客甜酸汁。 （3）在品脱杯中加入冰块和少量可口可乐。 注意：酒水使用完毕须及时将酒瓶放回原处	
第五步	装饰	用镊子夹取柠檬角挂杯装饰	
第六步	清洁	调制完毕后，随手清洁台面，养成良好的职业习惯	

二、长岛冰茶服务

长岛冰茶的服务程序如表 4-7 所示。

表 4-7　长岛冰茶的服务程序

步　骤	项　目	要　领	图　示
第一步	准备	长岛冰茶调制完毕后,插上吸管,放在托盘上,走到客人座位前,在客人右侧进行服务	
第二步	服务	把酒吧服务纸巾摆放在客人前的桌子上,图案正对客人。把长岛冰茶放在纸巾上,大声报出酒的名字:"尊敬的先生/女士,让您久等了,这是您需要的长岛冰茶,请慢用!"	
第三步	巡台	(1) 主动询问客人酒的口味如何,并向客人介绍长岛冰茶鸡尾酒的故事和背后的文化。 (2) 随时留意客人的酒杯,当注意到客人的杯子快要空了,主动询问客人是否需要再来一杯	
第四步	收台	(1) 客人离开后,清除客人桌子上的空酒杯、吸管、水果装饰物和垃圾等,并将空酒杯放入洗杯机中清洗,吸管、水果装饰物和垃圾等做分类处理。 (2) 对桌面进行清洁并消毒,摆齐桌椅,恢复到开吧营业的状态	

任务
评价

任务评价主要从同学们的仪容仪表、鸡尾酒调制、鸡尾酒服务、学习态度和综合印象五个方面进行评价,详见表 4-8。

表 4-8 "长岛冰茶调制与服务"任务评价表

任务	M 测量 J 评判	标准名称或描述	权重	评分 示例	组号 ___	组号 ___
仪容仪表	M	制服干净整洁、熨烫挺括、合身,符合行业标准	2	Y/N		
	M	鞋子干净且符合行业标准	2	Y/N		
	M	男士修面,胡须修理整齐;女士淡妆,身体部位没有可见标记	2	Y/N		
	M	发型符合职业要求	2	Y/N		
	M	不佩戴过于醒目的饰物	1	Y/N		
	M	指甲干净整洁,不涂有色指甲油	1	Y/N		
鸡尾酒调制	M	所有必需用具和材料全部领取正确、可用	3	Y/N		
	M	鸡尾酒调制方法正确	4	Y/N		
	M	鸡尾酒调制过程中没有浪费	4	Y/N		
	M	鸡尾酒调制过程没有滴酒	4	Y/N		
	M	鸡尾酒成分合理	4	Y/N		
	M	操作过程注意卫生	4	Y/N		
	M	器具和材料使用完毕后复归原位	4	Y/N		
	J	对酒吧任务不自信,缺乏展示技巧,无法提供最终作品或最终作品无法饮用	12	3		
		对酒吧技巧有一定了解,展示技巧一般,提供的最终作品可以饮用		6		
		对任务充满自信,对酒吧技巧的了解较多,作品呈现与装饰物展现较好		9		
		对任务非常有自信,与宾客有较好的交流,酒吧技术知识丰富,作品呈现优秀,装饰物完美		12		
鸡尾酒服务	M	礼貌地迎接、送别客人	4	Y/N		
	M	服务鸡尾酒与客人点单一致	3	Y/N		
	J	全程没有或较少使用英文	12	0		
		全程大部分使用英文,但不流利		1		
		全程使用英文,较为流利,但专业术语欠缺		2		
		全程使用英文,整体流利,能够使用专业术语		3		

续表

任务	M测量 J评判	标准名称或描述	权重	评分 示例	组号 ___	组号 ___
鸡尾酒服务	J	在服务过程中没有互动，没有对鸡尾酒进行介绍和服务风格不够恰当	12	0		
		在服务过程中有一些互动，对鸡尾酒有介绍，服务风格较为适当		1		
		在服务过程中有良好自信，对鸡尾酒的原料和创意有基本的介绍，有良好的互动，在服务过程中始终如一		2		
		与客人有极好的互动，对鸡尾酒原料有清晰的介绍，清楚讲解鸡尾酒创意，展示高水准的服务技巧		3		
学习态度	J	学习态度有待加强，被动学习，延时完成学习任务	15	5		
		学习态度较好，按时完成学习任务		10		
		学习态度认真，学习方法多样，积极主动		15		
综合印象	J	在所有任务中状态一般，当发现任务具有挑战性时表现为不良状态	5	1		
		在执行所有任务时保持良好的状态，看起来很专业，但稍显不足		3		
		在执行任务中，始终保持出色的状态标准，整体表现非常专业		5		

选手用时：

裁判签字：　　　　　　　　　　　　　　　　　　　　　　　年　　月　　日

随堂测试
▼

长岛冰茶调制与服务

任务小结

　　通过注入法运用之长岛冰茶鸡尾酒调制与服务的全过程，让读者对鸡尾酒调制过程（见图4-12）和服务程序（见图4-13）有了初步了解和直观认知，为系统学习其他技法鸡尾酒调制与服务打下基础。

准备　▶　擦杯　▶　加冰　▶　放材料　▶　装饰　▶　清洁

图4-12　长岛冰茶鸡尾酒的调制过程

图 4-13　长岛冰茶的服务程序

任务三　古典 Old Fashioned 鸡尾酒的调制与服务

微课视频
▼

古典鸡尾酒的调制

 任务导入

古典鸡尾酒历史悠久,关于其来源也是众说纷纭,比较普遍的说法是 19 世纪 80 年代,美国肯塔基州路易斯维尔市的一家酒吧 Pendennis Club 的调酒师发明了这款酒,并由俱乐部成员和著名的波本酒酿酒大师 James E. Pepper 推广,James E. Pepper 把古典鸡尾酒带到纽约沃尔多夫阿斯托利亚酒店中的酒吧。不过这些说法也遭到很多专业人士的反驳,因为"美国鸡尾酒之父"Jerry Thomas 于 1862 年出版的《调酒师指南:如何混合饮料》一书里,就有一款酒 Whiskey Cocktail 跟 Old Fashioned 极为相似。据美国鸡尾酒博物馆(The Museum of the American Cocktail)合伙人及烈酒网站 drinkboy.com 创始人 Robert Hess 介绍:我们现在见到的 Old Fashioned 只是人们在 19 世纪初期制作的一种鸡尾酒的演变(也是酒、糖、苦精和水的框架结构),所以那位调酒师不是"发明"了 Old Fashioned,只是用 Old Fashioned 的方式做了一款 Whiskey Cocktail,此后这款酒便被人简称为 Old Fashioned 了。

 知识学习

古典鸡尾酒如图 4-14,其国际酒谱如图 4-15 所示。

图 4-14　古典鸡尾酒

```
OLD FASHIONED
GLASS：Old Fashioned Glass
TECHNIQUE：Build&Muddle
GARNISH：Orange Slice & Maraschino Cherries
INGREDIENTS：
45 mL        Bourbon or Rye Whisky
1 Piece      Sugar Cube
Few dashes  Angostura Bitters
Few dashes  Soda Water
Mixology：Place sugar cube in old fashioned glass and saturate with
bitter,and a dash of soda water. Muddle until dissolved. Fill the glass
 with ice cube and whisky. Garnish with orange slice and maraschino cherry.
```

图 4-15　古典鸡尾酒国际酒谱

任务准备

　　以小组为单位，每组 3—4 人，准备原料和用具，如表 4-9 所示，采用角色扮演的方式，营造真实工作情境，以调酒师"我"的身份为客人进行古典鸡尾酒调制与服务。

表 4-9　古典调制与服务所需的原料和用具清单

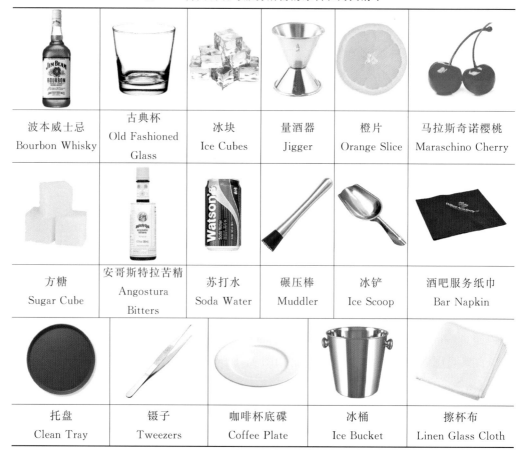

波本威士忌 Bourbon Whisky	古典杯 Old Fashioned Glass	冰块 Ice Cubes	量酒器 Jigger	橙片 Orange Slice	马拉斯奇诺樱桃 Maraschino Cherry
方糖 Sugar Cube	安哥斯特拉苦精 Angostura Bitters	苏打水 Soda Water	碾压棒 Muddler	冰铲 Ice Scoop	酒吧服务纸巾 Bar Napkin
托盘 Clean Tray	镊子 Tweezers	咖啡杯底碟 Coffee Plate	冰桶 Ice Bucket	擦杯布 Linen Glass Cloth	

任务
实施

一、古典鸡尾酒的调制过程

古典鸡尾酒的调制过程，详见表 4-10。

表 4-10　古典鸡尾酒的调制过程

步骤	项　　目	要　　领	图　　示
第一步	准备	将主要原料和用具，依次放在工作台上	
第二步	擦杯	左手持擦杯布一端，手心朝上；右手取杯，将杯底部放入左手手心，握住；右手将擦杯布的另一端绕起，放入杯中；右手大拇指插入杯中，其他四指握住杯子外部，左右手交替转动并擦拭杯子	
第三步	冰杯	在古典杯中加入冰块，使酒杯冷却	
第四步	放材料	将古典杯中的冰块倒掉后平放于酒吧操作台上。依次加入方糖、苦精、苏打水。酒水使用完毕应及时将酒瓶放回原处	

续表

步骤	项　目	要　　领	图　　示
第五步	捣和	用碾压棒将方糖捣碎	
第六步	再次放材料	古典杯中再加入冰块和波本威士忌,搅拌均匀	
第七步	装饰	用镊子夹取橙片和樱桃入杯装饰	
第八步	清洁	调制完毕后,随手清洁台面,清洗调酒工具,养成良好的职业习惯	

二、古典鸡尾酒的服务

古典鸡尾酒的服务与长岛冰茶的服务相同,详见前文长岛冰茶的服务程序。

古典鸡尾酒的任务评价和长岛冰茶相同,主要从同学们的仪容仪表、鸡尾酒调制、鸡尾酒服务、学习态度和综合印象五个方面进行评价,详见表 4-8"长岛冰茶调制与服务"任务评价表。

古典鸡尾酒的调制过程见图 4-16,服务程序和长岛冰茶相同,详见图 4-12 长岛冰茶的服务程序。

图 4-16　古典鸡尾酒的调制过程

随堂测试
▼

古典鸡尾酒
调制与服务

任务四　尼克罗尼 Negroni 鸡尾酒的调制与服务

任务导入

最早的尼克罗尼鸡尾酒,诞生于意大利佛罗伦萨的 Giacosa 酒吧,1919 年的某一天,卡米洛·尼克罗尼(Camillo Negroni)伯爵向酒保福斯科(Fosco)要求,要给他的美式鸡尾酒"加劲",于是选择就落在了金酒身上,金酒能显著地提高酒精度,又不会改变鸡尾酒的色调,给饮料增添一种愉快的干而清爽的感觉,并极大地提升了金酒(杜松子酒)的独特的苦味。在很短的一个时期,这种鸡尾酒曾被称为"Negroni 伯爵的美式鸡尾酒",但很快它的名字被简化成了"尼克罗尼鸡尾酒"。

知识学习

尼克罗尼鸡尾酒如图 4-17,其国际酒谱如图 4-18 所示。

微课视频
▼

尼克罗尼
调制

图 4-17 尼克罗尼

NEGRONI
GLASS：Old Fashioned Glass
TECHNIQUE：Stir & Strain
GARNISH：Orange Peel
INGREDIENTS：
30 mL Tanqueray Dry Gin
30 mL Sweet Red Vermouth
30 mL Campari
Mixology：Put all ingredients into Mixing Glass.Stir & strain into the glass. Garnish with Orange peel.

图 4-18 尼克罗尼国际酒谱

 任务准备

以小组为单位，每组 3—4 人，准备原料和用具，如表 4-11 所示，采用角色扮演的方式，营造真实工作情境，以调酒师"我"的身份为客人进行尼克罗尼鸡尾酒调制与服务。

表 4-11 尼克罗尼调制与服务所需原料和用具清单

添加利干金酒 Tanqueray Dry Gin	古典杯 Old Fashioned Glass	甜味美思 Sweet Red Vermouth	金巴利 Campari	冰块 Ice Cubes
橙皮卷曲条 Orange Twist	霍桑过滤器 Hawthorne Strainer	日式搅拌杯 Japan Mixing Glass	吧匙 Bar Spoon	碾压棒 Muddler
酒吧服务纸巾 Bar Napkin	托盘 Clean Tray	镊子 Tweezers	冰桶 Ice Bucket	擦杯布 Linen Glass Cloth

 Note

续表

量酒器 Jigger	冰铲 Ice Scoop	咖啡杯底碟 Coffee Plate		

一、尼克罗尼调制

尼克罗尼的调制过程,详见表 4-12。

表 4-12　尼克罗尼的调制过程

步骤	项　目	要　领	图　示
第一步	准备	将原料和用具,依次放在工作台上	
第二步	擦杯	左手持擦杯布一端,手心朝上;右手取杯,将杯底部放入左手手心,握住;右手将擦杯布的另一端绕起,放入杯中;右手大拇指插入杯中,其他四指握住杯子外部,左右手交替转动并擦拭杯子	
第三步	冰杯	在古典杯中加入冰块,使酒杯冷却	
第四步	冰日式搅拌杯	在日式搅拌杯中加入冰块,用吧匙进行搅拌,使酒杯冷却	

续表

步 骤	项 目	要 领	图 示
第五步	放材料	将日式搅拌杯中的冰块倒掉后平放于酒吧操作台上。依次加入添加利干金酒、甜味美思、金巴利。酒水使用完毕须及时放回原处	
第六步	搅和	在日式搅拌杯中加入冰块，用吧匙搅拌 20 秒左右，至搅拌杯外部结霜即可	
第七步	滤冰	将古典杯中的冰块倒掉，加入新的冰块。在日式搅拌杯上盖霍桑过滤器，将酒滤入古典杯中	
第八步	装饰	用镊子夹取装饰物入杯装饰	
第九步	清洁	调制完毕后，随手清洁台面，清洗调酒用具，养成良好的职业习惯	

二、尼克罗尼服务

尼克罗尼的服务程序与长岛冰茶的服务程序相同，详见表 4-7 长岛冰茶的服务程序。

任务评价和长岛冰茶相同，主要从同学们的仪容仪表、鸡尾酒调制、鸡尾酒服务、学习态度和综合印象五个方面进行评价，详见表 4-8"长岛冰茶调制与服务"任务评价表。

尼克罗尼调制过程如图 4-19 所示，服务程序和长岛冰茶相同，详见图 4-13 长岛冰茶的服务程序。

准备　擦杯　冰杯　冰搅拌杯　放材料　搅和　滤冰　装饰　清洁

图 4-19　尼克罗尼的调制过程

任务五　大都会 Cosmopolitan 的调制与服务

任务导入

传说，大都会 Cosmopolitan 诞生于 20 世纪 70 年代的美国马萨诸塞州，配方经过佛罗里达南滩和加州旧金山等地一些著名调酒师的改进和推广，最终在 20 世纪 80 年代末传入纽约，曼哈顿的一位女调酒师将配方中的金酒改为伏特加，获得美国 1989 年鸡尾酒大赛冠军作品。大都会鸡尾酒后来随着美国一部电视连续剧《欲望都市》而红遍全球，真正成为全世界的时尚。

知识学习

大都会如图 4-20 所示，其国际酒谱如图 4-21 所示。

随堂测试 ▼ 尼克罗尼调制与服务　微课视频 ▼ 大都会调制

图 4-20 大都会

```
COSMOPOLITAN
GLASS：Cocktail Glass
TECHNIQUE：Shake & Strain
GARNISH：Lemon Twist
INGREDIENTS：
45 mL  Vodka
15 mL  Cointreau
15 mL  Fresh Lime Juice
30 mL  Cranberry  Juice
Mixology：Add all ingredients into a cocktail shaker.Shake with ice and
strain  into a chilled cocktail glass.Garnish with lemon twist.
```

图 4-21 大都会国际酒谱

 任务准备

以小组为单位，每组 3—4 人，准备原料和用具，如表 4-13 所示，采用角色扮演的方式，营造真实工作情境，以调酒师"我"的身份为客人进行大都会鸡尾酒调制与服务。

表 4-13 大都会调制与服务所需的原料和用具清单

伏特加 Vodka	鸡尾酒杯 Cocktail Glass	君度利口酒 Cointreau Liqueur	新鲜青柠 Fresh Lime	蔓越莓汁 Cranberry Juice
量酒器 Jigger	冰块 Ice Cubes	柠檬卷曲条 Lemon Twist	摇酒壶 Shaker	吧匙 Bar Spoon
果汁壶 Juice Decanter	冰铲 Ice Scoop	压柠器 Lime Squeezer	古典杯 Old Fashioned Glass	水果刀 Paring Knife

续表

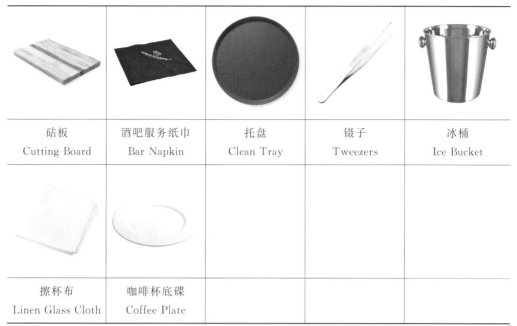				
砧板 Cutting Board	酒吧服务纸巾 Bar Napkin	托盘 Clean Tray	镊子 Tweezers	冰桶 Ice Bucket
擦杯布 Linen Glass Cloth	咖啡杯底碟 Coffee Plate			

任务实施

一、大都会的调制

大都会的调制过程，详见表 4-14。

表 4-14　大都会的调制过程

步骤	项　目	要　领	图　示
第一步	准备	（1）制作新鲜青柠汁，详见用压柠器制作新鲜柠檬汁的方法。 （2）将原料和用具，依次放在工作台上	
第二步	擦杯	左手持擦杯布一端，手心朝上；右手取杯，将杯底部放入左手手心，握住；右手将擦杯布的另一端绕起，放入杯中；右手大拇指插入杯中，其他四指握住杯子外部，左右手交替转动并擦拭杯子	

续表

步骤	项　目	要　　领	图　　示
第三步	冰杯	在鸡尾酒杯中加入冰块，使酒杯冷却	
第四步	放材料	将摇酒壶平放于调酒操作台上。依次加入伏特加、君度利口酒、蔓越莓汁、新鲜青柠汁。酒水使用完毕须及时放回原处	
第五步	摇和	在摇酒壶中加满冰块，盖上滤网和小盖，用双手摇动直至摇酒壶外部结霜	
第六步	滤冰	将鸡尾酒杯中的冰块倒掉。将摇酒壶中的酒滤入鸡尾酒杯中	
第七步	装饰	用柠檬卷曲条挂杯或入杯装饰	
第八步	清洁	调制完毕后，随手清洁台面，清洗调酒用具，养成良好的职业习惯	

二、大都会服务

大都会的服务程序与长岛冰茶相同，详见表 4-7 长岛冰茶的服务程序。

任务评价和长岛冰茶相同,主要从同学们的仪容仪表、鸡尾酒调制、鸡尾酒服务、学习态度和综合印象五个方面进行评价,详见表4-8"长岛冰茶调制与服务"任务评价表。

任务小结

大都会的调制过程如图4-22所示,服务程序和长岛冰茶相同,详见图4-13长岛冰茶的服务程序。

准备　擦杯　冰杯　放材料　摇和　滤冰　装饰　清洁

图 4-22　大都会的调制过程

任务六　霜冻莫吉托 Frozen Mojito 的调制与服务

任务导入

1586 年,有一位俗称"龙先生"的 Francis Drake 爵士。在大航海时代,海上的漫漫长夜和败血病、痢疾等疾病一样难熬。"龙先生"用印第安的土方法给水手们制酒,甘蔗烧酒 Aquardiente 混合新鲜薄荷、青柠汁、甘蔗汁,富含维生素 C 的青柠汁在加入烈酒后可以长时间保存,薄荷的清凉和甘蔗的甜味又可大大减低酒精的刺激,而这便是早期最原始的 Mojito。

知识学习

霜冻莫吉托如图4-23所示,其国际酒谱如图4-24所示。

随堂测试 ▼ 大都会调制与服务

微课视频 ▼ 霜冻莫吉托调制

图 4-23　霜冻莫吉托

FROZEN MOJITO
GLASS：Hurricane & Pilsner Glass
TECHNIQUE：Blend
GARNISH：Mint Sprig & Lime Wedge
INGREDIENTS：
45 mL　Bacardi Silver Rum
15 mL　Monin Mojito Syrup
60 mL　Concentrate Lemon Juice
3 Pieces　Lime Pulp
6 Pieces　Mint Leaves
Mixology：Put all ingredients into the blender cup.Blend & pour into the glass. Garnish with Mint leaves & lime wedge.

图 4-24　霜冻莫吉托国际酒谱

 任务准备

　　以小组为单位，每组 3—4 人，准备原料和用具，如表 4-15 所示，采用角色扮演的方式，营造真实工作情境，以调酒师"我"的身份为客人进行霜冻莫吉托的调制与服务。

表 4-15　霜冻莫吉托调制与服务所需的原料和用具清单

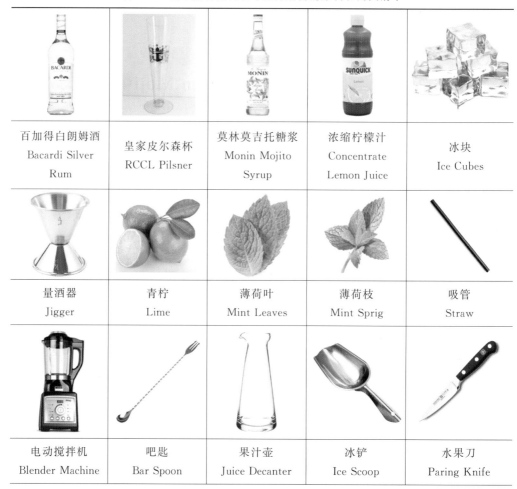

百加得白朗姆酒 Bacardi Silver Rum	皇家皮尔森杯 RCCL Pilsner	莫林莫吉托糖浆 Monin Mojito Syrup	浓缩柠檬汁 Concentrate Lemon Juice	冰块 Ice Cubes
量酒器 Jigger	青柠 Lime	薄荷叶 Mint Leaves	薄荷枝 Mint Sprig	吸管 Straw
电动搅拌机 Blender Machine	吧匙 Bar Spoon	果汁壶 Juice Decanter	冰铲 Ice Scoop	水果刀 Paring Knife

续表

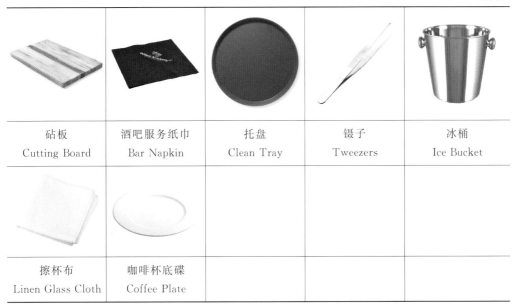

砧板 Cutting Board	酒吧服务纸巾 Bar Napkin	托盘 Clean Tray	镊子 Tweezers	冰桶 Ice Bucket
擦杯布 Linen Glass Cloth	咖啡杯底碟 Coffee Plate			

任务
实施

一、霜冻莫吉托调制

霜冻莫吉托的调制过程，详见表 4-16。

表 4-16　霜冻莫吉托的调制过程

步骤	项 目	要 领	图 示
第一步	准备	（1）将青柠清洗干净、去皮取肉。 （2）将所需原料和用具，依次放在工作台上	
第二步	擦杯	将擦杯布折起，用左手大拇指和食指扭住擦杯布上端；右手取杯，将杯底部放入左手手心，握住；右手将擦杯布的另一端绕起，放入杯中；右手大拇指插入杯中，其他四指握住杯子外部，左右手交替转动并擦拭杯子；擦干净后，右手握住杯子的下部，放置于吧台指定的地方备用	

续表

步骤	项目	要领	图示
第三步	冰杯	在皇家皮尔森杯中加入冰块，使酒杯冷却	
第四步	放材料	（1）搅拌杯平放于酒吧操作台。 （2）依次加入青柠肉、薄荷叶、莫林莫吉托糖浆、浓缩柠檬汁、百加得白朗姆酒。 （3）酒水使用完毕须及时放回原处	
第五步	搅拌	再把冰块放入搅拌杯内，用搅拌机搅匀	
第六步	倒酒	将皇家皮尔森杯中的冰块倒掉，将搅匀后的鸡尾酒倒入杯中	
第七步	装饰	用镊子夹取薄荷枝和青柠角进行装饰	
第八步	清洁	调制完毕后，随手清洁台面，以及水果刀、砧板、搅拌机、搅拌杯和量酒器等用具，养成良好的职业习惯	

二、霜冻莫吉托服务

霜冻莫吉托的服务程序与长岛冰茶相同,详见表 4-7 长岛冰茶的服务程序。

任务评价和长岛冰茶相同,主要从同学们的仪容仪表、鸡尾酒调制、鸡尾酒服务、学习态度和综合印象五个方面进行评价,详见表 4-8“长岛冰茶调制与服务”任务评价表。

霜冻莫吉托调制过程如图 4-25 所示,服务程序和长岛冰茶相同,详见图 4-13 长岛冰茶的服务程序。

准备　擦杯　冰杯　放材料　摇和　滤冰　装饰　清洁

图 4-25　霜冻莫吉托的调制过程

任务七　玛格丽特加冰 Margarita On The Rocks 的调制与服务

任务导入

1949 年,美国举行全国鸡尾酒大赛,一位洛杉矶的酒吧调酒师 Jean Durasa 参赛,玛格丽特鸡尾酒正是他的冠军之作。玛格丽特鸡尾酒是为了纪念他已故的恋人 Margarita。1926 年,Jean Durasa 到了墨西哥,与 Margarita 相恋,墨西哥成了他们的浪漫之地。然而,有一次两人去野外打猎,玛格丽特身中流弹,最后倒在恋人 Jean Durasa 的怀中,永远离开了。于是,Jean Durasa 就以墨西哥的国酒特基拉为基酒,用柠檬汁的酸味代表心中的酸楚,用盐霜意喻怀念的泪水。如今,Margarita 在全世界的酒吧流行,也成为特基拉的代表鸡尾酒。

随堂测试
▼

霜冻莫吉托调制与服务

微课视频
▼

玛格丽特加冰调制

知识学习

玛格丽特如图 4-26 所示，其国际酒谱如图 4-27 所示。

图 4-26　玛格丽特

MARGARITA ON THE ROCKS
GLASS：Margarita Glass
TECHNIQUE：Spindle Mix 、Shake & Strain
GARNISH：Salt Rimmer、Lime Twist、Orange Twist、
Maraschino Cherry
INGREDIENTS：
45 mL　Tequilla
30 mL　Cointreau
30 mL　Margarita Mix
Mixology：Add all ingredients into a mixing tin or cocktail
shaker. Spindle mix or shake with ice. Pour or strain into
a chilled margarita glass over ice.Garnish with lemon twist、
orange twist and maraschino cherry.

图 4-27　玛格丽特国际酒谱

任务准备

以小组为单位，每组 3—4 人，准备原料和用具，如表 4-17 所示，采用角色扮演的方式，营造真实工作情境，以调酒师"我"的身份为客人进行玛格丽特鸡尾酒加冰的调制与服务。

表 4-17　玛格丽特加冰调制与服务所需的原料和用具清单

白金武士特基拉 Tequila Conquistador	无柄玛格丽特杯 Stemless Margarita Glass	君度利口酒 Cointreau Liqueur	玛格丽特特调汁 Margarita Mix	冰块 Ice Cubes
量酒器 Jigger	青柠卷曲条 Lime Twist	马拉斯奇诺樱桃 Maraschino Cherry	橙皮卷曲条 Orange Twist	食盐 Salt

续表

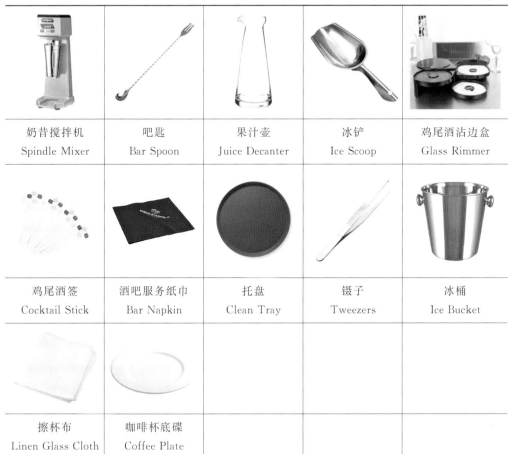

奶昔搅拌机 Spindle Mixer	吧匙 Bar Spoon	果汁壶 Juice Decanter	冰铲 Ice Scoop	鸡尾酒沾边盒 Glass Rimmer
鸡尾酒签 Cocktail Stick	酒吧服务纸巾 Bar Napkin	托盘 Clean Tray	镊子 Tweezers	冰桶 Ice Bucket
擦杯布 Linen Glass Cloth	咖啡杯底碟 Coffee Plate			

任务
实施

一、玛格丽特加冰调制

玛格丽特加冰的调制过程，详见表 4-18。

表 4-18　玛格丽特加冰的调制过程

步骤	项　目	要　领	图　示
第一步	准备	将原料和用具，依次放在工作台上	用杯布擦拭玛格丽特专用杯

续表

步骤	项 目	要 领	图 示
第二步	擦杯	将擦杯布折起，用左手大拇指和食指扭住擦杯布上端；右手取杯，将杯底部放入左手手心，握住；右手将擦杯布的另一端绕起，放入杯中；右手大拇指插入杯中，其他四指握住杯子外部，左右手交替转动并擦拭杯子；擦干净后，右手握住杯子的下部，放置于吧台指定的地方备用	
第三步	上盐边	右手拿杯底，将杯口倒置于鸡尾酒沾边盒的 Lime 层和 Salt 层，轻轻沾满盐边备用。具体见鸡尾酒沾边盒使用方法部分	
第四步	放材料	将奶昔机搅拌机平放于调酒操作台上，依次加入特基拉、君度利口酒、玛格丽特特调汁。酒水使用完毕须及时将酒瓶放回原处	
第五步	绕和	搅拌杯放入奶昔搅拌机的杯架上，搅拌均匀	
第六步	倒酒	在沾好盐边的玛格丽特杯中加满冰块，将酒倒入杯中	

续表

步骤	项　　目	要　　领	图　　示
第七步	装饰	用鸡尾酒签将青柠卷曲条、橙皮卷曲条和马拉斯奇诺樱桃固定在一起,用镊子夹取挂杯装饰	
第八步	清洁	调制完毕后,随手清洁台面、量酒器和奶昔搅拌机的搅拌轴,养成良好的职业习惯	

二、玛格丽特服务

(一) 饮用方式

1. 纯饮 Straight Up

玛格丽特纯饮可选用带柄玛格丽特杯,青柠皮挂杯装饰,调制方法与大都会相同,详见表 4-14 鸡尾酒大都会的调制过程。

2. 加冰 On The Rocks

玛格丽特加冰的调制方法详见表 4-18。

霜冻玛格丽特一般选用带柄玛格丽特杯,青柠片或青柠角挂杯装饰,调制方法与霜冻莫吉托相同,详见表 4-16 霜冻莫吉托调制过程。

(二) 玛格丽特服务程序

玛格丽特的服务程序与长岛冰茶的服务程序相同,详见表 4-7 长岛冰茶的服务程序。

任务评价

任务评价和长岛冰茶相同,主要从同学们的仪容仪表、鸡尾酒调制、鸡尾酒服务、学习态度和综合印象五个方面进行评价,详见表 4-8"长岛冰茶调制与服务"任务评价表。

随堂测试
▼

玛格丽特
加冰调制
与服务

 任务小结

玛格丽特加冰的调制过程如图 4-28 所示,服务程序和长岛冰茶相同,详见图 4-13 长岛冰茶的服务程序。

准备　擦杯　上盐边　放材料　绕和　倒酒　装饰　清洁

图 4-28　鸡尾酒玛格丽特加冰的调制过程

任务八　柠檬糖马天尼 Lemon Drop Martini 的调制与服务

微课视频
▼

柠檬糖马
天尼调制

任务导入

柠檬糖(Lemon Drop)原来指的是一种家喻户晓的柠檬软糖,颜色黄黄的,口感很酸,外面裹了一层厚厚的糖霜。这杯酒的味道和那软糖的味道简直一模一样,而且酒杯的边缘也沾上了一圈糖霜,所以取名——柠檬糖马天尼。

 知识学习

柠檬糖马天尼如图 4-29 所示,其国际酒谱如图 4-30 所示。

LEMON DROP MARTINI
GLASS：Martini Glass
TECHNIQUE：Muddle & Shake & Strain
GARNISH：Sugar Rimmer & Lemon Twist
INGREDIENTS：
45 mL Vodka Citron
30 mL Sweet and Sour Mix
4 Pcs Lemon Wedges
1 Tsp Sugar
Mixology：Put 4 Pcs Lemon Wedges and 1 Tsp Sugar into a mixing tin, Muddle. Add Vodka Citron. Sweet and Sour Mix. Shake well, strain into a Martini Glass with Sugar Rimmer.Garnish with lemon twist.

图 4-29　柠檬糖马天尼　　　　　　图 4-30　柠檬糖马天尼国际酒谱

任务
准备

以小组为单位，每组 3—4 人，准备原料和用具，如表 4-19 所示，采用角色扮演的方式，营造真实工作情境，以调酒师"我"的身份为客人进行柠檬糖马天尼鸡尾酒的调制与服务。

表 4-19　柠檬糖马天尼调制与服务所需的原料和用具清单

伏特加 Vodka	马天尼杯 Martini Glass	柠檬角 Lemon Wedges	甜酸汁 Sweet & Sour Mix	冰块 Ice Cubes
量酒器 Jigger	柠檬卷曲条 Lemon Twist	砂糖 Sugar	波士顿摇酒壶 Boston Shaker	吧匙 Bar Spoon
果汁壶 Juice Decanter	冰铲 Ice Scoop	鸡尾酒沾边盒 Glass Rimmer	霍桑过滤器 Hawthorne Strainer	酒吧服务纸巾 Bar Napkin

Note

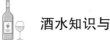

续表

托盘 Clean Tray	镊子 Tweezers	冰桶 Ice Bucket	碾压棒 Muddler	网式过滤器 Fine Mesh Strainer
擦杯布 Linen Glass Cloth	咖啡杯底碟 Coffee Plate			

 任务实施

一、柠檬糖马天尼调制

柠檬糖马天尼的调制过程，详见表 4-20。

表 4-20 柠檬糖马天尼的调制过程

步骤	项目	要领	图示
第一步	准备	将原料和用具，依次放在工作台上	
第二步	擦杯	将擦杯布折起，左手大拇指和食指扭住擦杯布上端；右手取杯，将杯底部放入左手手心，握住；右手将擦杯布的另一端绕起，放入杯中；右手大拇指插入杯中，其他四指握住杯子外部，左右手交替转动并擦拭杯子；擦干净后，右手握住杯子的下部，放置于吧台指定的地方备用	

 Note

续表

步骤	项　目	要　领	图　示
第三步	上糖边	右手拿杯底,将杯口倒置于三层沾边器的 Lime 层和 Sugar 层,轻轻沾满糖边备用,详见前文鸡尾酒沾边盒使用方法	
第四步	放材料	将波士顿摇酒壶放于调酒操作台上;依次加入柠檬角、砂糖	
第五步	捣和	用碾压棒在摇酒壶中挤压柠檬角,使柠檬汁流出	
第六步	再次放材料	加入伏特加和甜酸汁	
第七步	摇和	在波士顿摇酒壶中加满冰块后盖好,用双手摇的方式摇匀,至摇酒壶外部结霜即可	
第八步	过滤	采用过滤与再度过滤法将鸡尾酒滤入沾了糖边的马天尼杯中	

Note

续表

步　骤	项　目	要　领	图　示
第九步	装饰	用镊子夹取柠檬卷曲条挂杯装饰	
第十步	清洁	调制完毕后，随手清洁台面及量酒器、波士顿摇酒壶、滤冰器等用具，养成良好的职业习惯	

二、柠檬糖马天尼服务

柠檬糖马天尼的服务程序与长岛冰茶的服务程序相同，详见表 4-7 长岛冰茶的服务程序。

 任务评价

任务评价和长岛冰茶相同，主要从同学们的仪容仪表、鸡尾酒调制、鸡尾酒服务、学习态度和综合印象五个方面进行评价，详见表 4-8"长岛冰茶调制与服务"任务评价表。

任务小结

鸡尾酒柠檬糖马天尼的调制过程如图 4-31 所示，服务程序和长岛冰茶相同，详见图 4-13 长岛冰茶的服务程序。

随堂测试 ▼

柠檬糖马天尼调制与服务

准备　擦杯　上糖边　放材料　捣和　再次放材料　摇和　过滤　装饰　清洁

图 4-31　鸡尾酒柠檬糖马天尼调制过程

任务九 营业后酒吧清理及酒水盘存
Bar Cleaning And Inventory

任务导入

　　营业结束意味着酒吧一天的工作即将停止。酒吧清理及酒水盘存是营业后收吧十分重要的环节,认真完成每项工作是酒吧翌日正常运营的基础。

知识学习

一、酒吧清理

　　营业后酒吧的清理工作包括清洗酒杯和调酒工具,清理酒水、装饰物和果汁、垃圾桶,清洁酒柜、吧台、工作台和地面,详见表4-21。

表4-21 营业后酒吧的清理工作

阶段	项目	概　　述	图　　示
营业后酒吧清理	清洗酒杯和调酒工具	（1）将所有脏酒杯和使用过的调酒工具分类放入杯筐中,放入清洗、冲洗、消毒三合一的自动洗杯机中。 （2）特别注意玻璃器皿不可和不锈钢用具混合洗涤,这样容易造成玻璃器皿的破损,增加经营成本。 （3）清洗干净的酒杯和调酒工具,要分类摆放在杯筐架上,自然风干	
	清理酒水	（1）展示柜陈列的酒水,用湿布擦拭酒瓶及瓶口,然后放回酒柜中。 （2）酒槽中的酒水,先卸下酒嘴,用湿布清理瓶口,重新拧上瓶盖,再放入酒柜中。 （3）吧台特饮鸡尾酒全部丢掉,纪念杯和酒吧装饰物用湿布清理后,放回酒柜	

续表

阶段	项目	概　　述	图　　示
营业后酒吧清理	清理装饰物和果汁	未用完的新鲜水果装饰物和果汁应严格执行酒吧标准，放置4小时以上的不可回收再用，冰箱中的装饰物应用保鲜盒装好，密封保存	
	清洁垃圾桶	将酒吧内的垃圾倒掉，把垃圾桶清洁干净，换上新垃圾袋	
	清洁酒柜、酒吧台、工作台和地面	（1）先用带洗洁精溶液的湿毛巾擦拭酒柜、酒吧台和工作台，用地板刷刷洗地面。 　　（2）再用清洁的湿毛巾擦干酒柜、酒吧台和工作台，地面用少许清水冲洗。 　　（3）最后用带消毒水溶液的湿毛巾擦拭酒柜、酒吧台和工作台表面，地面喷洒少量消毒水稀释液，用刮水器刮均匀	

二、酒水盘存

（一）酒吧酒水盘存表

调酒师在营业结束后通过盘存表进行每日酒水清点，详见表4-22。

表4-22　酒水盘存表

调酒师 Bartender：　　　　　审计 Audited by：　　　　　日期 Date：

产品名称 Product Name	定期自动补货标准 Par	基数 Base	领入 Store	调入 In Transit	调出 Out Transit	销售 Sales	盘点 Inv	申请 Req
Bourbon 波本威士忌								
Bourbon Jim Beam 1 Ltr 占边波本威士忌1升	2							

续表

产品名称 Product Name	定期自动 补货标准 Par	基数 Base	领入 Store	调入 In Transit	调出 Out Transit	销售 Sales	盘点 Inv	申请 Req
…	…							
Aperitif 开胃酒								
Campari Bitter 1 Ltr 金巴利比特酒 1 升	1							
…	…							
Cognac 干邑								
Cognac Courvoisier XO 1 Ltr 拿破仑 XO 干邑 1 升	1							
…	…							
Gin 金酒								
Gin Beefeater 1 Ltr 必富达金酒 1 升	2							
…	…							

主要填写内容如下：

1. 调酒师

晚班关吧调酒师负责酒水盘点并签名确认。

2. 审核人

当值领班签名确认。

3. 日期

盘存当天的日期,酒吧每天必须进行酒水盘存工作。

4. 产品名称

酒水全名和规格。

5. 定期自动补货标准

酒吧标准存货量,当酒品实际盘存数小于酒吧标准存货量时,需要根据差额申领酒水。

6. 基数

酒吧开吧时酒水的实际数量。

7. 领入

当时领货数量。

8. 调入

从其他酒吧调入的酒水数量。

9. 调出

调出到其他酒吧的酒水数量。

10. 销售

酒水销售数量。

11. 盘点

酒吧实际盘存数。

12. 申请

领取酒水申请。

（二）酒吧酒水盘存程序

酒吧酒水盘存程序如表 4-23 所示。

表 4-23　酒吧酒水盘存程序

步　骤	程　序	标　准
第一步	填写并盘存开吧酒水基数	（1）将开吧基数于营业前填好。 （2）酒水数量与上一班次实际盘存数相同。 （3）基数数量与酒吧实际库存数相同。 （4）以整瓶作为一个单位填写。 （5）使用过的烈性酒采用测量法，把整瓶酒分为 10 等份来计量。 （6）软饮料以罐、瓶、桶为单位填写
第二步	填写酒水领入数量	（1）所填数量与申领单位实际数量相同。 （2）单位统一以瓶、份、罐、桶等为标准
第三步	填写酒水调进、调出数量	以酒水调拨单为依据
第四步	统计并填写酒水销售数量	（1）以订单酒吧联为依据。 （2）系统中酒水销售总数应与出品总数相同，出品总数根据点酒单数量叠加
第五步	填写酒水实际盘存数并进行盘点核对	（1）实际盘存数＝基数＋领入数＋调入数－调出数－售出数 （2）实际盘存数应与酒吧库存数量相同

以小组为单位，每组 4 人，采用吧员、酒吧服务员、调酒师和酒吧领班角色扮演的方式分工协作，营造真实工作情境，以酒吧调酒师"我"的身份负责营业后酒吧清理及酒水盘存。

具体任务分工如下：

（1）酒吧领班制定酒吧收吧工作检查表，督促酒吧准点收吧并按照标准清理和盘点。

（2）调酒师负责酒水盘存；指导酒吧服务员和吧员完成酒吧清理工作。

（3）吧员负责清洗酒杯和调酒工具，清理垃圾桶，清洁酒柜、吧台、工作台和地面。

（4）酒吧服务员负责清理酒水、装饰物和果汁，以及负责设备使用与维护。

营业后酒吧清理及酒水盘存流程如图 4-32 所示。

图 4-32 营业后酒吧清理及酒水盘存流程

一、仪容仪表检查

酒吧工作人员每日在岗时必须做到制服干净整洁、熨烫挺括合身，工鞋干净，所有工作中站姿、走姿优美，要有明朗的笑容。

二、酒杯和工具清洗

按照规范的程序和标准清洗酒杯和调酒工具。

三、清理酒水

按照规范的程序和标准清理酒水。

四、清理装饰物和果汁

按照规范的程序和标准清理装饰物和果汁。

五、清洁垃圾桶

按照规范的程序和标准清洁垃圾桶。

六、清洁酒柜、吧台、工作台和地面

按照规范的程序和标准清洁酒柜、吧台、工作台和地面。

七、酒水盘存

按照酒吧标准程序进行酒水盘存。

八、设备使用与维护

再次检查机器设备，确保机器设备的正常运作。

九、检查调整

调酒师确认收吧符合标准后，报告酒吧领班检查，酒吧领班对照检查表，依据发现的问题及时调整，并拟订有针对性的酒吧业务知识和技能培训计划，对组员进行培训，提高管理效能。

任务评价主要从同学们的仪容仪表、酒吧卫生、物料准备、设备检查、学习态度和综合印象五个方面进行评价，详见表4-24。

表 4-24 "营业后酒吧清理及酒水盘存"任务评价表

任务	M 测量 J 评判	标准名称或描述	权重	评分示例	组号___	组号___
仪容仪表	M	制服干净整洁、熨烫挺括、合身，符合行业标准	2	Y/N		
	M	鞋子干净且符合行业标准	2	Y/N		
	M	男士修面，胡须修理整齐；女士淡妆，身体部位没有可见标记	2	Y/N		
	M	发型符合职业要求	2	Y/N		
	M	不佩戴过于醒目的饰物	1	Y/N		
	M	指甲干净整洁，不涂有色指甲油	1	Y/N		
酒吧卫生	M	调酒用具干净	3	Y/N		
	M	酒嘴用消毒水泡好	3	Y/N		
	M	展示柜玻璃、吧台点单电脑干净	3	Y/N		
	M	地面卫生、无水渍	3	Y/N		
	M	搅拌机干净	3	Y/N		
	M	苏打枪干净	3	Y/N		
	M	调酒用具、酒杯洗净、排放整齐、风干	3	Y/N		
	M	吧台面干净、无水渍	3	Y/N		
	M	垃圾倒干净、套上垃圾袋、垃圾桶干净	3	Y/N		
	M	冰槽盖面、果汁槽和酒槽干净	3	Y/N		
物料准备	M	完成盘点表、开酒水领料单	3	Y/N		
	M	调拨单、销售小票整理，和钥匙一起交酒吧办公室	3	Y/N		

续表

任务	M 测量 J 评判	标准名称或描述	权重	评分 示例	组号 ___	组号 ___
物料 准备	M	纸巾吸管盒整理	3	Y/N		
	M	补满啤酒、软饮入冰箱、摆放整齐	3	Y/N		
	M	检查水果装饰物、果汁用量，并用保鲜盒装好，放入冰箱	3	Y/N		
	M	开瓶器、酒水单、托盘、账单夹和笔收好	3	Y/N		
	M	陈列酒水干净、无酒渍、存放入酒柜	3	Y/N		
	M	吧台小吃密封、锁好	3	Y/N		
	M	酒槽酒水盖回瓶盖、干净、无酒渍、存放入酒柜	3	Y/N		
设备 检查	M	制冰机正常运作	3	Y/N		
	M	冰箱正常运作	3	Y/N		
	M	葡萄酒柜正常运作	3	Y/N		
	M	洗杯机正常运作	3	Y/N		
	M	搅拌机正常运作	3	Y/N		
学习 态度	J	学习态度有待调整，被动学习，延时完成学习任务	15	5		
		学习态度较好，按时完成学习任务		10		
		学习态度认真，学习方法多样，积极主动		15		
综合 印象	J	在所有任务中状态一般，当发现任务具有挑战性时表现为不良状态	3	1		
		在执行所有任务时保持良好的状态，看起来很专业，但稍显不足		2		
		在执行任务中，始终保持出色的状态标准，整体表现非常专业		3		

选手用时：

裁判签字：　　　　　　　　　　　　　　　　　年　　　月　　　日

酒吧清理"三桶系统"

酒吧清理"三桶系统"（3 Bucket System）包括：准备（Prepare）、清洗（Wash）、冲洗（Rinse）和消毒（Sanitize）四个步骤，详见表4-25所示。

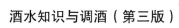

表 4-25　酒吧清理"三桶系统"

步骤	项　目	要　领	图　示
第一步	准备 Prepare	戴上手套，将一瓶盖消毒水量入白色桶（White Bucket）中，加满水，用试纸测量浓度，调整浓度为 10^{-4}	
第二步	清洗 Wash	红色桶（Red Bucket）中装入洗洁精溶液，用于酒吧清洗	
第三步	冲洗 Rinse	灰色桶（Grey Bucket）中装入清水，用于清洗后的冲洗，以便彻底去除污渍和洗洁精残留物	
第四步	消毒 Sanitize	白色桶（White Bucket）中的消毒水稀释液主要用于酒吧消毒，消毒后需自然风干	

随堂测试

▼

营业后酒
吧清理及
酒水盘存

附录
我的梦想在这里——高级调酒师之花式调酒 Flairtending

微课视频 ▼
中华调酒绝技

微课视频 ▼
单瓶技巧

微课视频 ▼
双瓶技巧

微课视频 ▼
三瓶技巧

微课视频 ▼
一瓶一 TIN 技巧

微课视频 ▼
二 TIN 一瓶技巧

微课视频 ▼
三 TIN 一瓶技巧

微课视频 ▼
二瓶二 TIN 技巧

参 考 文 献

References

［1］ 徐利国.调酒知识与酒吧服务实训教程［M］.2 版.北京:高等教育出版社,2020.

［2］ 何语华.绝技人生［M］.北京:中国劳动社会保障出版社,2022.

教学支持说明

为了改善教学效果,提高教材的使用效率,满足高校授课教师的教学需求,本套教材备有与纸质教材配套的教学课件和拓展资源。

为保证本教学课件及相关教学资料仅为教材使用者所得,我们将向使用本套教材的高校授课教师免费赠送教学课件或者相关教学资料,烦请授课教师通过邮件或加入酒店专家俱乐部 QQ 群等方式与我们联系,获取"电子资源申请表"文档并认真准确填写后发给我们,我们的联系方式如下:

E-mail:lyzjjlb@163.com

酒店专家俱乐部 QQ 群号:710568959

酒店专家俱乐部 QQ 群二维码:

群名称:酒店专家俱乐部
群　号:710568959

电子资源申请表

填表时间：_____年____月____日

1. 以下内容请教师按实际情况写，★为必填项。
2. 相关内容可以酌情调整提交。

★姓名		★性别	□男 □女	出生年月		★职务	
						★职称	□教授 □副教授 □讲师 □助教
★学校				★院/系			
★教研室				★专业			
★办公电话			家庭电话			★移动电话	
★E-mail（请填写清晰）					★QQ号/微信号		
★联系地址					★邮编		

★现在主授课程情况	学生人数	教材所属出版社	教材满意度
课程一			□满意 □一般 □不满意
课程二			□满意 □一般 □不满意
课程三			□满意 □一般 □不满意
其 他			□满意 □一般 □不满意

教 材 出 版 信 息		
方向一		□准备写 □写作中 □已成稿 □已出版待修订 □有讲义
方向二		□准备写 □写作中 □已成稿 □已出版待修订 □有讲义
方向三		□准备写 □写作中 □已成稿 □已出版待修订 □有讲义

请教师认真填写表格下列内容，提供索取课件配套教材的相关信息，我社根据每位教师填表信息的完整性、授课情况与索取课件的相关性，以及教材使用的情况赠送教材的配套课件及相关教学资源。

ISBN（书号）	书名	作者	索取课件简要说明	学生人数（如选作教材）
			□教学 □参考	
			□教学 □参考	

★您对与课件配套的纸质教材的意见和建议，希望提供哪些配套教学资源：